Edson Gonçalves

Manutenção Industrial
Do Estratégico ao Operacional

Uma visão realista da dificuldade de implantação e execução de algumas das ferramentas de estratégias industriais.

Edson Gonçalves

Manutenção Industrial
Do Estratégico ao Operacional

Uma visão realista da dificuldade de implantação e execução de algumas das ferramentas de estratégias industriais.

Manutenção Industrial – Do Estratégico ao Operacional
Copyright© Editora Ciência Moderna Ltda., 2015

Todos os direitos para a língua portuguesa reservados pela EDITORA CIÊNCIA MODERNA LTDA.

De acordo com a Lei 9.610, de 19/2/1998, nenhuma parte deste livro poderá ser reproduzida, transmitida e gravada, por qualquer meio eletrônico, mecânico, por fotocópia e outros, sem a prévia autorização, por escrito, da Editora.

Editor: Paulo André P. Marques
Produção Editorial: Aline Vieira Marques
Capa: Carlos Arthur Candal
Diagramação: Carlos Arthur Candal
Copidesque: Editora Ciência Moderna
Assistente Editorial: Dilene Sandes Pessanha

Várias **Marcas Registradas** aparecem no decorrer deste livro. Mais do que simplesmente listar esses nomes e informar quem possui seus direitos de exploração, ou ainda imprimir os logotipos das mesmas, o editor declara estar utilizando tais nomes apenas para fins editoriais, em benefício exclusivo do dono da Marca Registrada, sem intenção de infringir as regras de sua utilização. Qualquer semelhança em nomes próprios e acontecimentos será mera coincidência.

FICHA CATALOGRÁFICA

GONÇALVES, Edson.

Manutenção Industrial – Do Estratégico ao Operacional

Rio de Janeiro: Editora Ciência Moderna Ltda., 2015.

1. Engenharia Industrial
I — Título

ISBN: 978-85-399-0642-0

CDD 621.7

Editora Ciência Moderna Ltda.
R. Alice Figueiredo, 46 – Riachuelo
Rio de Janeiro, RJ – Brasil   CEP: 20.950-150
Tel: (21) 2201-6662/ Fax: (21) 2201-6896
E-MAIL: LCM@LCM.COM.BR
WWW.LCM.COM.BR

02/15

Dedicatória

Dedico esta obra a todos os meus familiares, sem exclusão de nenhum grau de parentesco, pois cada um deles tem um papel importante na minha vida.

A cada um dos meus professores e instrutores que me alfabetizaram e me direcionaram ao aprendizado formal, técnico e moral.

A cada um dos meus amigos de infância, adolescência e vida adulta, que conviveram comigo em todos os momentos de alegria e tristeza.

Dedico também esta obra a todos os colegas de trabalho que conviveram comigo ao longo de toda a minha vida profissional. Àqueles que me ensinaram as atividades do dia a dia, àqueles que aprenderam comigo no dia a dia. E, principalmente, àqueles que discordaram de algumas de minhas opiniões e decisões, discordâncias estas que serviram de diálogos e discussões que originaram em novos estudos até que encontrássemos uma definição comum e definíssemos conceitos favoráveis a todos.

Reservo-me no direito de não citar nenhum nome, para que eu tenha a consciência tranquila por não ter me esquecido de mencionar nenhuma das pessoas que fizeram parte da minha história até os dias de hoje.

Agradecimentos

Agradeço veementemente a minha esposa Neide e minhas filhas Sabrina e Emanuelle, que abriram mão de inúmeros momentos de lazer e de convívio familiar, para que fosse possível concretizar esta obra, bem como o apoio e incentivo concedidos.

Agradeço a minha mãe dona Maria Vieira Gonçalves, por cada segundo de dedicação, de cuidado e de amor, por cada palmada e cada castigo que me deu, pois somente com as ações e atitudes tomadas por ela, fui capaz de me tornar o homem e pai que sou hoje.

Agradeço também ao Sr. Otil Gonçalves Neto (in memoriam), um homem semianalfabeto, sem cultura, mas que me ensinou todos os valores da vida. Me ensinou a necessidade que um ser humano tem de batalhar pelos seus sonhos, me ensinou a traçar meus objetivos, a valorizar o próximo. Um homem que me mostrou que não temos limites nesta vida, que podemos realizar tudo o que quisermos, e que essas realizações somente fazem sentido se for de coração e com muita dedicação e trabalho, que batalhar pelos nossos sonhos é o verdadeiro sentido da vida.

Este homem que tenho o imenso orgulho de chamar de "MEU PAI".

Reflexão

"Estás tão obcecado em chegar que esquecestes a coisa mais importante: É preciso caminhar."

Paulo Coelho

Sobre o Autor

Edson Gonçalves, 40 anos, nascido no dia 11/04/1974, na cidade de Coronel Fabriciano em Minas Gerais, filho de Otil Gonçalves Neto e Maria Vieira Gonçalves, é o quinto filho de uma família de 7 irmãos, casado com Neide Oliveira Gonçalves Guerra desde 2000, pai de 2 filhas Sabrina e Emanuelle, Está sempre presente, não abre mão do convívio familiar, onde encontra tranquilidade e equilíbrio para equalizar as pressões do trabalho e o aconchego da vida em família.

Filho de família de classe baixa, os pais sem formação escolar, estudou em escolas públicas, sempre obteve médias significativas, as quais o propiciou a nunca ter sido reprovado.

Teve sonhos de criança, começou pelo futebol, onde algumas tentativas de se profissionalizar no mundo mágico do esporte não foram muito bem sucedidas com relação ao lado financeiro, porém educacional e culturalmente pôde ser orientado de forma correta, o que o manteve longe da bebida e das drogas ilícitas, práticas estas que são cultivadas até os dias de hoje.

Teve uma infância feliz com muita agitação e liberdade para realizar todas as peripécias de uma criança em fase de crescimento.

Técnico em Mecânica, formado no ano de 1992 na Escola Técnica vale do Aço, iniciou por diversas vezes o curso superior sem muito sucesso devido à dedicação às funções do trabalho, com diversos cursos de aperfeiçoamento, inclusive no exterior, iniciou sua carreira profissional como estagiário de uma cimenteira na cidade de Santana do paraíso em Minas Gerais.

Após seu estágio, foi mecânico de manutenção de algumas prestadoras de serviços (Ebec e Sankyu) nas dependências de uma usina siderúrgica na cidade de Ipatinga MG, onde foi efetivado como Inspetor de Manutenção pela USIMINAS

(Usinas Siderúrgicas de Minas Gerais), onde trabalhou por alguns anos exercendo a função, até sua transferência para a concorrente CSN (Companhia Siderúrgica Nacional) na cidade de Araucária PR.

Cumpriu mais um ciclo durante alguns anos, também exercendo a função de supervisão de manutenção e inspeção, onde pode desenvolver diversas habilidades técnicas as quais lhe deu a condição de evoluir suas práticas e conhecimentos voltados para a inspeção de manutenção industrial.

Transferiu-se para uma empresa do ramo Petroquímico (Arauco do Brasil) onde trabalhou por mais 2 anos exercendo as funções de gestão de manutenção e aplicando seus conhecimentos para atingir os resultados esperados pela organização.

Nos dias de hoje continua exercendo as funções de Gestor e Empresário, onde é um dos sócios da empresa de Consultoria, Assessoria e execução de manutenção geral em todos os segmentos industriais em prol do desenvolvimento de novas técnicas de manutenção e de inspeção sensitiva, voltada para a evolução da manutenção industrial, procurando sempre cumprir suas metas e atender todas as expectativas das organizações as quais necessita de seus serviços.

Vida Profissional

Técnico em Mecânica, com diversos cursos de aperfeiçoamento, inclusive no exterior, com sólida atuação em empresas e indústrias de grande porte, desenvolvendo atividades na área da manutenção e produção.

Área de atuação: Técnica – Manutenção – Produção - Engenharia

Escolaridade

Técnico - Técnico em Mecânica – Escola Técnica Vale do Aço – MG – 1992
Superior - Gestão da Produção Industrial – Fatec – Curitiba – Cursando

Experiências Internacionais

- Processo de Funcionamento Siderúrgico Pré-pintado– Ministrado pela Precoat, na cidade de Saint Louis nos Estados Unidos, no ano de 2003 com duração de 60 dias.

- Tratamento Químico e Aplicação – Ministrado pela Henkel, na cidade de Chicago nos Estados Unidos, no ano de 2003 com duração de 15 dias.

- Especialização e Tecnologia de Cabos de Aço – Ministrado pela IPH, na cidade de Buenos Aires na Argentina – Instrutor Roland Ferret, no ano de 2008, com duração de 15 dias.

Experiências Profissionais

Empresa	Cargo	Período
Cimento Caue S.A	Técnico em Mecânica	1 ano
Sankyu S.A	Mecânico Ajustador	1 ano
Carvalho Mont. Ind.	Mecânico Ajustador	1 ano
Usiminas – Usinas Sid. MG	Supervisor de Inspeção	5 anos
CSN – Comp. Sid. Nacional	Supervisor de Manutenção	9 anos
Arauco do Brasil	Supervisor de Manutenção	2 anos
Optimus	Gestor	atual.

Descrição das Principais Atividades Desempenhadas

- Participação nos projetos de implementação de novas unidades de produção.

- Gerenciamento das equipes de montagens, alinhamentos, ajustes, lubrificação e testes do startup das linhas de produção de Laminação a Frio.

- Desenvolvimento e aplicação de novas sistemáticas de manutenção das unidades de produção, otimizando os recursos, minimizando as necessidades de intervenção e consequentemente reduzindo custos de mão de obra e materiais sobressalentes na proporção de 12% ao ano.

- Desenvolvimento e reformulação de todo sistema hidrostático de lubrificação e refrigeração dos mancais e rolamentos dos cilindros de laminação, aumentando sua vida útil em aproximadamente 60%.

- Redimensionamento de componentes e equipamentos aumentando o volume de produção em 15%, garantindo sua disponibilidade e confiabilidade.

- Participação do grupo de voluntários, desenvolvendo dentro da empresa a cultura de segurança com o objetivo de atingir o índice zero de acidentes.

- Coordenar e supervisionar a equipe de inspeção técnica para avaliação das condições de funcionamento dos equipamentos.

- Coordenar e supervisionar a elaboração de programação das atividades para encaminhamento dos equipamentos para manutenções, preventivas, preditivas e corretivas.

- Desenvolvimento e implantação de condições de manutenabilidade dos equipamentos.
- Implantação do programa de vazamentos zero.
- Elaboração de treinamentos para os colaboradores recém- admitidos.
- Supervisionar e acompanhar as atividades de caldeiraria.
- Supervisionar e acompanhar as atividades de usinagem e retifica.
- Implementação do sistema de gerenciamento de manutenção.
- Elaboração de procedimentos de manutenção.
- Elaboração de sistemáticas de planos de manutenção, inspeção e lubrificação.
- Especificação técnica dos componentes e elementos de máquinas dos equipamentos.
- Implantação da sistemática TPM, RCM e MOC.
- Aplicação de Brainstorm e Bentchmarkim.
- Implementação e Aplicação dos métodos de avaliação e análises de falhas.
- Elaboração de orçamento anual.
- Implantação de gestão de manutenção à vista.
- Elaboração de visão, missão e objetivos da manutenção.
- Desenvolvimento de sistemática de manutenção em função de normas técnicas para equipamentos dedicados.
- Gerenciamento de contratos de terceiros.
- Desenvolvimento e avaliação de novos fornecedores e prestadores de serviços.

- Elaboração de indicadores da manutenção.
- Contatos com fornecedores para desenvolvimento de sobressalentes e ou readequação de equipamentos e componentes.
- Visitas técnicas a fornecedores e fabricantes para avaliação e inspeção dos equipamentos.
- Acompanhamento e supervisão das execuções das atividades programadas e emergenciais.
- Desenvolvimento de manuais descritivos técnicos para equalizar as informações junto aos fornecedores, analisando as normas cabíveis para cada aplicação.
- Prestação de serviços de consultoria e assessoria à manutenção, das organizações nacionais e internacionais.

Habilidades Pessoais

- Tranquilidade, Curiosidade, Atenção.
- Facilidade de Relacionamento Interpessoal.
- Busca por aprendizado, Desenvolvimento e Resultados.
- Disciplina, Liderança Situacional.

Cursos de Aperfeiçoamentos

- Inspetor de Soldagem Nível 1, Inspetor de LP.
- Desenho Mecânico, Metrologia, Alinhamento de Máquinas, Maçarico de Corte.
- Hidráulica, Esquemas hidráulicos, Sistemas de Gerenciamento de Manutenção.
- Solda, Freios, Vedações, Filtros, Lubrificantes e Lubrificação Classe Mundial.

XVI — Manutenção Industrial - Do Estratégico ao Operacional

- Roscas, Cabos de Aço, Correias, Bombas, Correntes.
- Manutenção Preditiva, Controle de Custos, PCOM, Sistema de Gestão Ambiental.
- Especificações de Válvulas, Rolamentos, Mancais de Rolamentos.
- Controle de Vapor e Ar Comprimido, Pneumática, Redutoras.
- Inspetor de Equipamentos, RCM, MOC, Controle de Qualidade Total.
- Chefia e Liderança, Garantindo a Primeira Impressão.
- Assertividade e Desinibição, A Arte de Falar em Público.
- Liderança em Âmbito Ocupacional, Técnicas de Abordagem, Técnicas de linguagem corporal.
- NR 11, NR 13, NR 18, NR 33.
- Manutenção Classe Mundial
- Ms Project

Obs:

Condecorado pela USIMINAS como Operário Destaque de Qualidade em virtude do comprometimento, esforço e resultados obtidos em busca da qualidade total.

Condecorado pela ASSOCIAÇÃO BRASILEIRA DE LIDERANÇA - BRASLIDER com o Prêmio EXCELÊNCIA E QUALIDADE BRASIL 2014, MELHORES DO ANO na categoria PROFISSIONAL DO ANO em Consultoria Técnica Mecânica.

Contatos:
edinhoguerra@bol.com.br
41-9667-6914

O Teatro dos Vampiros

Sempre precisei de um pouco de atenção
Acho que não sei quem sou só sei do que não gosto
E nesses dias tão estranhos fica a poeira se escondendo pelos cantos

Esse é o nosso mundo o que é demais nunca é o bastante
E a primeira vez é sempre a última chance

Ninguém vê aonde chegamos, os assassinos estão livres
Nós não estamos

Quando me vi tendo de viver comigo apenas e com o mundo
Você me veio como um sonho bom e me assustei

Não sou perfeito eu não esqueço
A riqueza que nós temos ninguém consegue perceber
E de pensar nisso tudo eu, homem feito
Tive medo e não consegui dormir

Vamos sair, mas não temos mais dinheiro
Os meus amigos todos estão procurando emprego

Voltamos a viver como há dez anos atrás
E a cada hora que passa envelhecemos dez semanas

Vamos lá tudo bem eu só quero me divertir
Esquecer dessa noite ter um lugar legal pra ir

Já entregamos o alvo e a artilharia
Comparamos nossas vidas e mesmo assim
Não tenho pena de ninguém.

Renato Russo

Apresentação

Confúncio, o famoso filósofo chinês que viveu 500 anos a.C., deixou para a história o seguinte pensamento: *"Conte-me e eu me esqueço. Mostre-me e eu apenas me lembro. Envolva-me e eu compreendo"*. Exatamente isto acontece neste livro, onde o Sr. Edson Gonçalves consegue envolver o leitor fazendo com que os assuntos aqui registrados sejam compreendidos facilmente, e agora me sinto honrado em apresentar tanto o escritor quanto a obra.

Ao longo de minha carreira profissional conheci e trabalhei com diversos profissionais, e estou lisonjeado em ter a oportunidade de escrever sobre o Edson, uma das pessoas mais gabaritadas que tive o prazer de trabalhar. Juntos desenvolvemos um projeto e, graças à sua didática, simplicidade e profissionalismo, consegui colocar em minha "bagagem do conhecimento" informações importantes que levarei comigo por toda minha vida.

A publicação deste livro dará para o leitor a possibilidade de conhecer um pouco do precioso conhecimento que o autor adquiriu em sua trajetória de sucesso em grandes indústrias, transmitindo o mesmo conhecimento que proporcionou a mim e eternizando sua experiência de uma maneira clara e objetiva. Sua forma de trabalho é um exemplo para o mundo industrial, e este material certamente será uma ferramenta para os líderes obterem o melhor resultado em seus setores de atuação.

A realidade de hoje é completamente diferente de antigamente em todos os sentidos, onde a exigência pelo conhecimento está cada vez maior. Lamentavelmente os cursos de formação, sejam técnicos ou de graduação, não conseguem preparar profissionais capacitados para assumir grandes responsabilidades assim que os finalizam. É necessário ir além, acompanhar a evolução da tecnologia e absorver as necessidades das indústrias, mas infelizmente o desenvolvimento profissional acaba sendo limitado porque é difícil encontrar materiais de apoio para aprimorar o conhecimento. Esta é a missão do autor, a qual foi cumprida neste exemplar!

O segundo livro do Edson Gonçalves, Manutenção Industrial – do Estratégico ao Operacional, aborda as regras encontradas nos cursos superiores e demonstra de forma completa e consistente o quanto é importante as utilizar no dia a dia. Seria incoerente de minha parte não dar valor para o conteúdo aqui escrito, onde minha formação me apresentou todas as ferramentas comentadas e sei que, na prática, muitas são esquecidas ou não são valorizadas.

XX — Manutenção Industrial - Do Estratégico ao Operacional

Infelizmente é possível encontrar profissionais que detêm de muito conhecimento, porém não conseguem aplicar, esbarrando nas dificuldades da política interna da organização ou até mesmo da cultura em que estão inseridos. Dificilmente algo será diferente sem entender os problemas para a implantação das ferramentas teóricas e sem localizar uma maneira para se trabalhar com as dificuldades encontradas, e isso exige um plano de trabalho que deve ser executado passo a passo.

Os passos a serem dados nada mais são que as estratégias descritas no livro e aplicáveis de forma prática, destacando-se algumas: 5S, TPM, PDCA, FMEA, BSC, entre outras não menos importantes. O interessante é que elas não se resumem apenas à explicação do tema e sua história, mas sim pelo aprofundamento com ressalvas pontuais, sendo este o momento que dá todo o sentido para a proposta.

O conteúdo, além de ser agradável de ler, retrata a mais pura realidade das empresas de qualquer porte. Facilmente o leitor estará se identificando e se lembrando de algum momento vivido, contudo com um diferencial: a visão peculiar de quem esteve neste meio e conseguiu conquistar um espaço de respeito em todas as experiências que teve.

Durante minha leitura lembrei-me do dia que vi uma entrevista de Scott Adams, renomado cartunista norte-americano que disse: "*A maioria dos sucessos brota de um obstáculo ou fracasso*". Esse comentário faz todo o sentido após ler a obra Manutenção Industrial – do Estratégico ao Operacional, porque se sabe que existe uma resistência grandiosa nas empresas para a elaboração dos métodos e, se não geram o resultado esperado, a ferramenta acaba sendo culpada pelo fracasso. Levando isso em consideração, o criador do livro conseguiu desmistificar esta polêmica através de seus ideais, comprovando que as dificuldades encontradas nada mais são etapas para a obtenção do êxito.

Destaco a ênfase dada em custos, assunto trivial em meio ao momento globalizado e concorrido do mercado. É evidente que qualquer projeto de melhoria tem um preço, poucas vezes fica evidente o retorno e, sob a perfeita ótica do escritor, é factível que o investimento não será em vão. Portanto, é necessária a consciência de que existe um prazo a ser cumprido para se obter o esperado, e esta relação entre o custo e o prazo foi interligada no desenvolvimento do exemplar para que exista uma confiança de que o recurso aplicado não será em vão.

Uma boa equipe de gestão não tem funcionalidade se não existir uma boa equipe de operação, e o contrário também ocorre. Edson Gonçalves consegue criar um envolvimento sadio entre ideais completamente opostos, quebrando paradigmas e padrões que todo o profissional recrimina, mas não sabe como combater, gerando a união e obtenção do melhor na Manutenção Industrial. Sem dúvida é um trabalho de valor inestimável.

José Léo Gonçalves Filho
Engenheiro de Produção

Prefácio

O objetivo principal deste projeto é mostrar as reais dificuldades das organizações em implantar e se fazer cumprir todas as estratégias desenvolvidas e ilustrar a real distância que existe entre a execução da manutenção e as estratégias e sistemáticas desenvolvidas pela Engenharia da manutenção.

O que é pretendido é relatar o que e como os mantenedores absorvem e pensam a respeito das estratégias e das sistemáticas adotadas pelas organizações, uma vez que já é sabido, que existe uma divergência entre os pensamentos das distintas áreas de atuação.

A visão estratégica da manutenção projeta um horizonte virtual de resultados certos e satisfatórios para a organização, uma vez que, após a elaboração de toda a estratégia e aprovado o investimento solicitado, basta unicamente colocar em prática o que foi estabelecido dentro de todo o planejamento proposto.

Todas as literaturas conhecidas de desenvolvimento das estratégias não abrangem as reais dificuldades de implantação do projeto a que se pretende realizar, as quais apresentam única e exclusivamente os ganhos de melhoria futura e os privilégios que tal sistemática irá proporcionar após sua execução.

A falta de proximidade entre a engenharia e a execução, nos deixa uma lacuna gigantesca entre a estratégia e os resultados esperados. Lacuna esta que se faz por ausência de homogeneização de conhecimentos técnicos e ou culturas tanto da engenharia quanto da execução

A necessidade de resultados imediatos não permite que a engenharia realize um estudo aprofundado em todos os contextos das ferramentas estratégicas, deixando obscuro algumas informações, em alguns casos, básicas, para o desenvolvimento e adaptação da ferramenta às atuais realidades de cada organização, fazendo com que a essência principal da ferramenta seja perdida em meio a velocidade de implantação e a pressa para atingir os resultados desejados.

A ausência desta essência perdida inevitavelmente causa a morte prematura da credibilidade de toda a estratégia da ferramenta implantada. Assim a ferramenta estratégica fica a um passo de seu sepultamento definitivo.

Sumário

Capítulo 1 - Introdução 1
Capítulo 2 - Evolução 3
Capítulo 3 - Conceitos Aplicados 7
Capítulo 4 - Estratégias Aplicadas 17
    4.1- Programa 5S 17
    4.2- Benchmarking e Benchmark 25
    4.3- RCM 31
    4.4- TPM 39
    4.5- Ciclo PDCA 50
    4.6- Análise de Falhas 57
    4.7- BSC 62
    4.8- Planejamento x Programação 76
    4.9- DTO 78
    4.10- Excelência Operacional 84
    4.11- FMEA 92
    4.12- Indicadores 99
    4.13 - Sistema de Gerenciamento de Manutenção 104
    4.14- Redução de Custos 113
    4.15- Masp 117
    4.16- Seis Sigma 126
Capítulo 5 - Nota do Autor. 135
Capítulo 6 - Fontes de Informações 137
Realização e Apoio 145

Capítulo 1
Introdução

Ao longo dos anos foi possível vivenciar o sepultamento de inúmeras ferramentas de gestão e ou execução dentro das estratégias elaboradas pelas organizações.

As engenharias das organizações, desenvolvem, estudam e implantam as estratégias e ferramentas de acordo com uma visão perfeitamente correta de resultados certos, sem que sejam analisados os ambientes, as culturas, as políticas e as estruturas as quais se pretendem inserir novas tendências e novas diretrizes de ações, comportamentos, posicionamentos e desenvolvimentos profissionais.

O contexto de melhoria contínua nos dias de hoje atingiu um patamar tão significativo, que as engenharias de manutenção das organizações buscam sempre e insistentemente novas ferramentas estratégicas para que seja possível aprimorar o conteúdo e a essência da execução das atividades de manutenção do dia a dia.

É esta mesma busca que faz com que a aceleração de novas ideias e novas ferramentas sejam implementadas nas organizações em quase uma totalidade, de forma desenfreada e desorganizada, sem que sejam analisadas as reais possibilidades de necessidade de desenvolver as culturas de base para que a ferramenta seja absorvida de forma concreta e que os mantenedores dessas respectivas ferramentas possam ter inseridos em seu dia a dia o entendimento do objetivo da utilização da ferramenta e dos resultados esperados por sua aplicação.

Nas últimas décadas, a manutenção industrial foi o segmento que mais sofreu mudanças do que quaisquer outras atividades industriais.

A manutenção atual tem como desafio não deixar que haja manutenção, de forma a minimizar as falhas de mortalidade dos ativos que ocorrem em seus processos produtivos.

Uma grande variedade de ferramentas estratégicas tem sido disponibilizada para a manutenção. Porém deve-se lembrar de que são apenas ferramentas e que suas aplicações por si só não garantem nenhum resultado positivo.

A manutenção para ser estratégica, precisa estar voltada para os resultados empresariais esperados pela organização, não basta ser eficiente, tem que ser eficaz, não é suficiente instalar tão rápido quanto possível, tem que ter solidez e estar em acordo com as diretrizes da empresa, com a aceitação e conhecimento culturais da região.

Cemitério de Ferramentas Estratégicas

Capítulo 2
Evolução

Desde a era mais remota de nossa civilização existe a necessidade de conservação e reparos de ferramentas e equipamentos.

Na idade antiga os homens necessitavam que suas ferramentas de caça e pesca precisavam estar em perfeito estado de utilização para garantirem sua sobrevivência, as presas não poderiam fugir porque talvez não tivessem uma segunda chance.

Porém foi somente depois da invenção das primeiras máquinas, em séculos passados que o homem percebeu a extrema necessidade da realização da manutenção em seus equipamentos e ferramentas.

Assim, com a necessidade de se manter em bom funcionamento todo e qualquer equipamento, ferramenta ou dispositivo para uso no trabalho, em épocas de pa, ou em combates militares nos tempos mais remotos de guerra, houve as consequentes evoluções das distintas formas de manutenção. Pois toda guerra sempre avança a tecnologia, mesmo sendo guerra santa, os governos mais promissores investem em desenvolvimentos tecnológicos para avançar as pesquisas e sair na frente de seus adversários.

Após a revolução industrial, surgiram várias funções básicas nas empresas, destas destaca-se a função técnica, relacionada com a produção e com a conservação dos patrimônios das empresas, da qual a manutenção é parte primordial.

Nos tempos mais remotos, a manutenção era uma atividade que deveria ser executada em sua totalidade, pela própria pessoa que opera o equipamento, sendo este o perfil Idea, sem nenhuma habilidade ou técnica.

Porém, com o grande avanço da tecnologia, os equipamentos e componentes tornaram-se de alta precisão e complexidade, e com o crescimento da estrutura empresarial, foi sendo introduzidas diversas sistemáticas e a função da manutenção foi sendo gradativamente dividida, e alocada em setores especializados, os quais passaram a destinar suas habilidades e conhecimentos apenas para garantir a produção mantendo as máquinas funcionando.

Como a evolução tecnológica não parou de se destacar no cenário mundial foram sendo instalados novos equipamentos, e grandes inovações foram sendo executadas para atender às solicitações de aumento de produção, assim o departamento operacional passou a dedicar-se somente à produção, não restando alternativa a não ser a criação do departamento de manutenção, que passaria a responsabilizar-se por todas estas funções destinadas aos reparos e disponibilização dos equipamentos para a produção.

Acredita-se que durante este período, o resultado não foi totalmente satisfatório para as empresas, pelo menos na proporção a que se desejava no passo que sua criação o propôs.

Porém, como o avanço tecnológico continuou a crescer, desenvolvendo cada vez mais equipamentos sofisticados e de aceitação no mercado, foi um fato inevitável para fazer face às inovações tecnológicas, ao investimento em equipamentos e ao incremento da produção.

Entretanto, à medida que se passava para uma etapa de dificuldade do crescimento econômico, começava-se a exigir das empresas cada vez mais a competitividade e a redução de custos, aprofundando o reconhecimento de que um dos pontos decisivos seria a busca da utilização eficiente dos equipamentos existentes até o seu limite.

Para isso, na manutenção, tornou-se como núcleo a atividade de prevenção da deterioração dos seus equipamentos e componentes, aumentando assim a necessidade da função básica de profissionais que não apenas corrigissem as respectivas falhas, mas também, pudessem evitar que elas ocorressem.

Com o avanço da tecnologia e o aumento monstruoso da competitividade das organizações pelos produtos e serviços, foi inevitável que as empresas criassem uma equipe distinta para elaboração de estratégias de gestão, com o intuito de aumentar a disponibilidade e a confiabilidade de seus ativos, bem como a qualidade de seus produtos e serviços e a otimização de seus recursos, afim de garantirem um custo satisfatório a seus clientes

Desta forma o setor de Engenharia da manutenção foi criado, com a responsabilidade de desenvolver e implantar ferramentas que garantissem todos os anseios da organização e que apresentassem resultados satisfatórios.

Todas as ferramentas desenvolvidas e que apresentaram resultados positivos, seguiram mundo a fora sendo utilizadas por diversas empresas nos mais diversos segmentos de produção industrial, em busca dos melhores resultados para suas organizações.

A cada ciclo distinto de implantação das sistemáticas, as mesmas eram adaptadas para atender as mais diversas diretrizes impostas e ou determinadas pelas entidades que as utilizariam, sempre com o cuidado para não desvirtuarem o foco da ferramenta para qual ela foi desenvolvida.

Na visão das organizações, a garantia de sucesso estava em replicar exatamente as teorias e conceitos estabelecidos pelos criadores de cada ferramenta estratégica, prática esta ainda conservada e cultivada nos dias atuais.

Capítulo 3
Conceitos Aplicados

O objetivo principal de toda estratégia de manutenção e ferramentas aplicadas, é manter as funções requeridas dos ativos, de forma que possam cumprir seu ciclo de produção com confiabilidade e com custos adequados, evitando assim um descontentamento proveniente de ocorrências de falhas que causam prejuízos às organizações, bem como encontrar uma forma de prorrogar seu ciclo de vida para que se possa usufruir de suas aplicações por mais um longo período produtivo.

Vamos definir abaixo alguns conceitos mínimos do universo da manutenção para que possamos entender o porquê das organizações necessitarem aplicar algumas estratégias e ferramentas para garantir esta sobrevivência dos ativos diante da cadeia produtiva.

As empresas são constituídas basicamente por três elementos:

a) Hardware (Instalações – Ativos).

b) Software (Métodos).

c) Humanware (Homens).

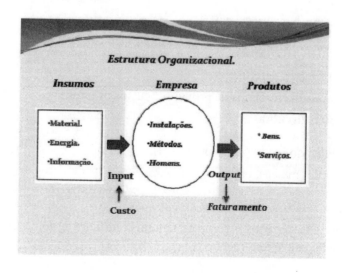

O que é um Ativo

Definição Financeira

Ativo é um termo básico utilizado para expressar o conjunto de bens, valores, créditos, direito e assemelhado que forma o patrimônio de uma pessoa, singular ou coletiva, num determinado momento, avaliado pelos respectivos custos.

Definição Técnica

Ativo é o conjunto de componentes que formam um equipamento capaz de desempenhar uma função dentro do ciclo da cadeia produtiva de uma organização.

Divisão detalhada de ativos do balanço patrimonial:

Ativo Circulante

- Estoques.
  Exemplos: matéria-prima, produtos em elaboração, produtos acabados e mercadorias para revenda.

- Dívidas de terceiros de curto prazo.
  Exemplos: dívidas de clientes, títulos a receber de clientes, dívidas de cobrança duvidosa de clientes, dívidas do estado e outros entes públicos.

- Depósitos bancários e caixa.
  Exemplos: depósitos bancários, dinheiro em caixa.

- Acréscimos e deferimentos.
  Exemplos: acréscimos de proveitos, custos diferidos.

Ativo não circulante.

- Imobilizado incorpóreo (Intangível).
  Exemplo: marcas, patentes, softwares.

- Imobilizado corpóreo.
  Exemplos: terrenos e recursos naturais, edifícios e outras construções, equipamentos, ferramentas.

- Investimentos financeiros.

    Exemplos: partes de capital em empresas do grupo, títulos e outras aplicações financeiras.

- Dívidas de terceiros de longo prazo.

    Exemplos: dívidas de clientes, títulos a receber de clientes, dívidas de cobrança duvidosa de clientes, dívidas do Estado e outros entes públicos.

Função Manter

É o conjunto de responsabilidades necessárias para garantir a disponibilidade, a confiabilidade e os custos de um parque de ativos, normalmente ligados a uma fase do processo da cadeia produtiva.

As responsabilidades são classificadas em:

a) Engenharia.

b) Planejamento.

c) Execução.

Independente da estrutura organizacional, ela pode ser composta por mais de uma gerência de área ou prestadora de serviços, desde que o conjunto de responsabilidade seja compartilhado.

Manutenção

Manutenção é o conjunto das ações destinadas a manter ou recolocar um ativo em um estado no qual pode exercer sua função requerida (NBR 5462).

A missão da manutenção é preservar as funções de nossos ativos físicos através de suas vidas tecnicamente úteis, pela seleção e aplicação de técnicas que permitam uma melhor relação custo x benefício.

As ações de manutenção são necessárias porque as instalações, ao longo do tempo, vão se degenerando.

Degeneração

A degeneração ocorre de três formas:

a) pelo comportamento próprio;

b) pela ação externa e

c) pela combinação dos dois fatores acima.

A degeneração por comportamento próprio é intrínseco da própria instalação e tem suas causas consideradas normais, tais como: atrito, fadiga, efeito joule, corrosão, etc.

São previsíveis, porém inevitáveis.

Cabe à manutenção, garantir a vida prevista, através de intervenções.

A degeneração pela ação externa é decorrente do relacionamento homem x máquina e tem suas causas consideradas anormais, tais como: deficiência de manutenção, de reparo, de operação, etc.

São imprevisíveis.

Cabe à manutenção corrigir seus efeitos, através de inspeções que detectam efeitos indesejados, e eliminar suas causas, através da análise de falha.

A evolução da degeneração ocorre em estágios, até a falha, se não houver intervenções que mudem o estado das partes das instalações.

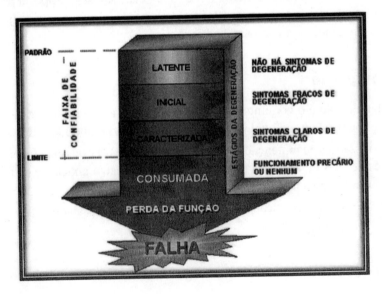

Falha

É o término da capacidade de um ativo de desempenhar a função requerida (NBR5462).

Defeito

É a imperfeição que não impede o funcionamento de um ativo, todavia pode, a curto ou longo prazo, acarretar a sua falha.

Falha Oculta

As falhas ocultas são oriundas de perda de função que não tem qualquer impacto direto (efeito visível) sobre a segurança ou sobre o desempenho operacional durante a operação normal do ativo.

As consequências aparecem quando é feita a solicitação da Função e, normalmente, expõe a empresa a outras falhas com consequências sérias, devido boa parte das falhas ocultas estarem associadas a dispositivos de proteção.

Modo de Falha

- Maneira pela qual a falha é observada.

- Efeito pelo qual se percebe que a falha ocorreu.

- Descreve as variações do estado de um componente que resultam da ocorrência da falha.

Todo modo de falha tem uma consequência (perda de produção, acidentes, custo de restabelecer) para a empresa. Cada modo de falha é como se fosse uma moeda cujo valor é relacionado com as suas consequências.

Cada falha evitada pelas ações de manutenção é um custo (perda de produção, acidentes, custo de restabelecer) que deixa de ser gasto.

Itens de Controle da Manutenção:

A eficiência global da Manutenção é medida basicamente através da disponibilidade das instalações, do custo de Manutenção e dos índices de segurança.

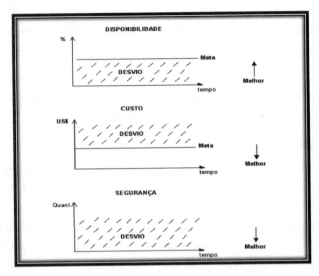

A avaliação isolada de cada item de controle não permite medir a eficiência global, pois:

a) Um aumento da disponibilidade pode ter como resultado um aumento de custo, com consequente redução da produtividade.

b) Uma redução de custo de Manutenção pode ter como resultado uma redução da disponibilidade, com consequente redução do faturamento.

É necessária a avaliação conjunta, pois o ponto ideal é o equilíbrio da disponibilidade com o custo.

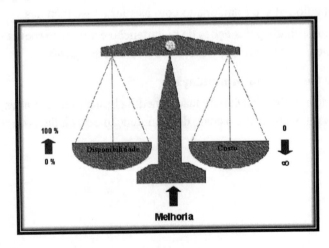

Disponibilidade:

Medida do grau em que um ativo estará em estado operável e confiável no início da missão, quando a missão for exigida aleatoriamente no tempo (NBR 5462).

Fatores que influenciam na Disponibilidade

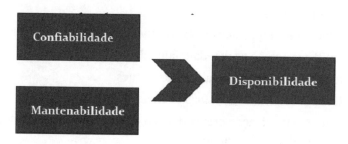

Confiabilidade

Capacidade de um ativo de desempenhar uma função especificada, sob condições e intervalos predeterminados (NBR 5462).

Mantenabilidade ou Manutenibilidade

Facilidade de um ativo em ser mantido ou recolocado no estado no qual pode executar suas funções requeridas, sob condições de uso especificados, quando a manutenção é executada sob condições determinadas e mediante os procedimentos e meios prescritos (NBR 5462).

Um equipamento disponível é um equipamento que podemos usar. A partir desta evidência, concluímos que a disponibilidade depende:

a) do número de falhas (confiabilidade operacional);

b) da rapidez com que são reparadas em função de facilidades incluídas no projeto (manutenibilidade / projeto);

c) dos processos gerenciais e da política definida para a manutenção (manutenibilidade / sistematização);

d) da qualidade dos meios de execução utilizados pela manutenção (manutenibilidade / logística).

Aumentar a disponibilidade de um ativo consiste em reduzir (dentro de um custo adequado) o seu número de paradas e o tempo gasto para executar as manutenções.

Classificação da Manutenção

Para obter a eficiência global é necessário estabelecer algumas regras para auxiliar na escolha da melhor maneira de manter cada parte das instalações.

Os diversos tipos de manutenção adotados estão previamente definidos como:

Atividade Preventiva

Os três objetivos da manutenção preventiva são:

1º - Evitar deterioração acelerada e falha do equipamento.

2º - Detectar a ocorrência de falhas incipientes.

3º - Detectar a existência de falhas ocultas.

Num plano de manutenção preventiva existem, fundamentalmente, três tipos básicos de atividade de manutenção.

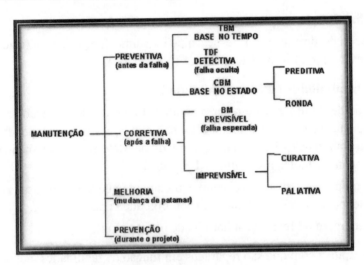

Manut. preventiva baseada no tempo (TBM)

Neste caso, as atividades são realizadas com base em uma periodicidade fixa e previamente estabelecida. Quando especificamos uma atividade do tipo TBM, pelo menos em teoria, é porque conhecemos com boa precisão o comportamento temporal das falhas do equipamento, de modo que podemos determinar precisamente, o que e quando deve ser feito, para se evitar a ocorrência das falhas.

Manut. preventiva baseada na condição (CBM)

As atividades do tipo CBM são aquelas na qual o desempenho ou condição do equipamento é periodicamente medido (pode ser de forma contínua ou em intervalos especificados de medição) e que, de acordo com algum tipo de padrão ou limite preestabelecido, uma ação é tomada para se substituir ou restaurar o equipamento.

Teste/inspeção para detecção de falhas (ocultas) existentes (TDF)

As atividades do tipo TDF são aquelas para verificarmos se o equipamento já se encontra no estado falho. Em caso positivo, uma ação corretiva é tomada antes que a demanda ocorra. Em sistemas do tipo stand by, segurança, não sabemos, realmente, se e quando a demanda ocorrerá efetivamente, de forma que aos intervalos periódicos preestabelecidos, realizamos estes/inspeções para detectarmos a existência de falhas que porventura já tenham ocorrido. Desta forma, garantimos uma maior disponibilidade do sistema em caso de ocorrência da demanda.

Que tipo de manutenção usar?

Intervenções após a falha?

Intervenções antes da falha: com base no tempo ou com base no estado? Modificações do projeto: durante o projeto ou durante a operação?

Cada item deve ser analisado para escolha do tipo que dará maior disponibilidade ao menor custo.

Cada empresa deve ter uma Manutenção diferenciada, pois cada uma possui características diferentes.

A metodologia para definir o tipo de manutenção é detalhada nos segmentos:

a) Manutenção Otimizada pela Confiabilidade.

b) Tabela Mestre de Manutenção.

c) Inspeção de Ronda.

d) Atividade Extra.

Otimização:

Otimizar significa extrair o melhor rendimento possível de algo podendo ser uma pessoa, uma máquina, uma empresa, etc.

É um termo utilizado, principalmente, com o objetivo de simplificar um sistema para funcionar de forma mais rápida e eficiente, reduzindo o tempo de execução de tarefas e os custos.

Excelência Operacional:

Ser excelente é executar com disciplina, de acordo com as regras e os padrões, para alcançar os resultados esperados, buscando as oportunidades de melhoria. Assim, é possível fazer a coisa certa, no tempo certo, da maneira mais eficiente.

Capítulo 4
Estratégias Aplicadas

As empresas de classe mundial são aquelas que buscam a excelência nos serviços e produtos de sua competência. Para buscar essa excelência, as empresas perseguem sempre inovações e procuram estar na vanguarda da aplicação da tecnologia no seu processo produtivo e, principalmente, na gestão do seu maior patrimônio, que são os seus colaboradores internos e externos.

Estas empresas buscam, ainda, nos departamentos de manutenção, os resultados positivos de desempenho do seu sistema produtivo para garantir ganhos em produtividade e qualidade, simultaneamente a uma redução de custos de manutenção. Desta forma, a manutenção passa a ser considerada como uma função estratégica, que agrega valor ao produto.

A via para manter-se e ganhar novos mercados está na qualidade e na produtividade. A busca da qualidade e da produtividade passa por diversas questões, como as políticas de gestão da qualidade, a análise do melhor sistema de produção, o treinamento, a manutenção da produção e outros fatores estratégicos.

O papel das ferramentas estratégicas na manutenção mostra-se essencial na garantia tanto da qualidade quanto da produtividade empresarial.

São inúmeras as empresas que atualmente possuem alguma iniciativa ligada às estratégias e ferramentas estratégicas. A variedade é enorme e contempla desde microempresas até gigantes multinacionais. Os conceitos das ferramentas e das estratégias são conhecidos há várias décadas e vêm sendo aplicados desde então.

4.1- Programa 5S

Um dos métodos japoneses de gestão mais conhecidos é o programa 5S. Ele se refere a sensos que devem ser incorporados por todas as organizações que prezem por um bom desempenho. Cada "S" corresponde a uma palavra em japonês. Conheça cada um e suas traduções:

O 5S é o bom senso que pode ser ensinado, aperfeiçoado, praticado para o crescimento humano e profissional. Convém se tornar hábito, costume, cultura. Os propósitos da metodologia 5S são de melhorar a eficiência através da destinação adequada de materiais (separar o que é necessário do desnecessário), organização, limpeza e identificação de materiais e espaços e a manutenção e melhoria do próprio 5S.

Abaixo segue imagem de uma fábrica onde foi aplicado o 5S.

Os 5S's são:

1º S - Seiri: Senso de utilização. Refere-se à prática de verificar todas as ferramentas, materiais, etc. na área de trabalho e manter somente os itens essenciais para o trabalho que está sendo realizado. Tudo o mais é guardado ou descartado. Este processo conduz a uma diminuição dos obstáculos à produtividade do trabalho.

Conceito: "separar o útil do inútil. Eliminando o desnecessário".

Classifique e separe os objetos e dados úteis dos inúteis da seguinte forma:

- O que é usado sempre: coloque próximo ao seu local de trabalho.
- O que é usado quase sempre: coloque próximo ao local de trabalho.
- O que é usado ocasionalmente: coloque um pouco afastado do local onde trabalha.
- O que é usado raramente, mas necessário: coloque separado num local determinado.
- O que for desnecessário deve ser reformado, vendido ou eliminado.

2º S - Seiton: Senso de ordenação. Enfoca a necessidade de um espaço organizado. A organização, neste sentido, refere-se à disposição das ferramentas e equipamentos em uma ordem que permita o fluxo do trabalho. Ferramentas e equipamentos deverão ser deixados nos lugares onde serão posteriormente usados. O processo deve ser feito de forma a eliminar os movimentos desnecessários.

Conceito: "identificar e arrumar tudo, para que qualquer pessoa possa localizar facilmente".

- Padronizar as nomenclaturas.
- Usar rótulos e cores vivas para identificar os objetos, seguindo um padrão.
- Guardar objetos diferentes em locais diferentes.
- Expor visualmente os pontos críticos, tais como extintores de incêndio, locais de alta voltagem, partes de máquinas que exijam atenção, etc.
- Fazer da comunicação visual uma leitura rápida e fácil, usando palavras-chave, ilustrando as ideias-chave usando frases curtas e diretas, etc.

Obs.: é importante observar que nos dois primeiros s's utiliza-se bastante o raciocínio, por isso, deve-se ter muita atenção para não cometer erros ou exageros.

3º S - Seisō: Senso de limpeza. Designa a necessidade de manter o mais limpo possível o espaço de trabalho. A limpeza, nas empresas japonesas, é uma atividade diária. Ao fim de cada dia de trabalho, o ambiente é limpo e tudo é recolocado em seus lugares, tornando fácil saber o que vai aonde, e saber onde está aquilo que é essencial. O foco deste procedimento é lembrar que a limpeza deve ser parte do trabalho diário, e não uma mera atividade ocasional quando os objetos estão muito desordenados.

Conceito: "manter um ambiente sempre limpo, eliminando as causas da sujeira e aprendendo a não sujar".

- Sempre limpar os equipamentos após o seu uso.
- Aprender a não sujar e eliminar as causas da sujeira.
- Definir responsáveis pelas áreas.
- Manter os equipamentos, ferramentas, etc., sempre na melhor condição de uso possível.
- Limpar o local de trabalho, dando atenção para os cantos e para cima, pois ali acumula-se muita sujeira.

4º S - Seiketsu: Senso de Normalização. Criar normas e sistemáticas em que todos devem cumprir. Tudo deve ser devidamente documentado. A gestão visual é fundamental para fácil entendimento de cada norma.

Conceito: "manter um ambiente de trabalho sempre favorável à saúde e higiene".

- Ter os três s's implantados.
- Eliminar as condições inseguras.
- Humanizar o local de trabalho.
- Difundir material educativo sobre a saúde e higiene.
- Respeitar os colegas, cumprindo horários, não fumando em locais impróprios, etc.
- Manter o refeitório, os vestuários e os banheiros sempre limpos.
- Obedecer às regras de segurança do trabalho.

- Usar uniformes e roupas limpas.
- Zelar pelo ambiente de trabalho.

5°S - Shitsuke: Senso de autodisciplina ou hábito, costume. Refere-se à manutenção e revisão dos padrões. Uma vez que os 4 Ss anteriores tenham sido estabelecidos, transformam-se numa nova maneira de trabalhar, não permitindo um regresso às antigas práticas. Entretanto, quando surge uma nova melhoria, ou uma nova ferramenta de trabalho, ou a decisão de implantação de novas práticas, pode ser aconselhável a revisão dos quatro princípios anteriores.

Conceito: "fazer dessas atitudes um hábito, transformando os 5s's num modo de vida".

- Usar a criatividade.
- Melhorar a comunicação entre as pessoas.
- Compartilhar visão e valores.
- Treinar com paciência e persistência.
- De tempos em tempos aplicar os 5s's para avaliar nossos avanços.

Conscientizar-se para os 5s's.

Um dos princípios básicos do dia a dia do 5S é a coleta seletiva, a qual pode ser realizada em quaisquer ambientes que quisermos, onde nossa casa é o ambiente mais oportuno para que se desenvolvam os fundamentos.

Coleta Seletiva

Os programas de 5S já se expandiram e se ramificaram nas organizações, em que nos dias de hoje existem programas até com 10S, os quais foram aperfeiçoados e submetidos às melhorias contínuas incorporando outras funções no projeto inicial.

Ressalva 5S

O estabelecimento de um Programa 5s é, de fato, o meio ideal para se estabelecer a cultura 5s efetivamente na empresa. Não é raro encontrar iniciativas 5s que não deram certo por falta de estruturação do programa. A falta de método, de estrutura e de definição de padrões contribuem para o fracasso do programa.

Uma falha muito frequente que se encontra nas empresas é a má interpretação dos conceitos do 5s. Talvez a frase mais dita dentro de um programa 5s tradicional seja: "um lugar para cada coisa, cada coisa em seu lugar". Seguindo esta diretiva, os participantes do programa passam a identificar todas as "coisas" e todos os "lugares das coisas". Em geral é neste momento que acontecem os excessos que contribuem para que o programa como um todo caia em descrédito. Exemplos clássicos são tomadas e interruptores. Para que serve uma etiqueta colada em uma tomada dizendo: "tomada"? Não seria melhor uma informação mais útil como: "110V"? A etiqueta "interruptores" não seria mais útil a um palestrante se fosse substituída por "frente", "meio", "fundo" sinalizando qual botão controla quais lâmpadas? Chamamos esta implementação racional (e útil!) do 5s de "5s Produtivo".

Apesar do movimento 5S no Brasil ter início na década de 80, foi a partir de 1990 que ganhou maior adesão, impulsionado pela filosofia da Qualidade Total. Devido a simplicidade dos conceitos, baixo custo de implantação e promoção de resultados de curto, médio e longo prazos, o 5S passou a ser uma ferramenta fundamental para a introdução da Qualidade Total e da verdadeira administração participativa nas organizações. Porém, ao longo de sua difusão, muitas dessas organizações não obtiveram os resultados desejados, limitando-se às atividades de descarte e limpeza temporária das instalações, sem que isto se tornasse um hábito das pessoas.

Inúmeros são os fatores de fracasso, abaixo seguem os mais comuns:

Falta de entendimento dos conceitos

O 5S é visto como um programa de ordem e limpeza e não como um processo educacional.

Falta de um plano estratégico

Pela sua simplicidade, a organização e as atividades são desenvolvidas de forma aleatória, sem sistemática, sem meta, de forma voluntária e dissociada do processo de sobrevivência e competitividade da organização.

O plano limita-se até o dia de lançamento (Dia D ou Dia da Grande Limpeza)

A maioria das organizações consegue chegar com sucesso até o dia de lançamento. Passado este dia, o programa esfria até ser esquecido (ou lembrado que esqueceram dele!?). A organização não tem plano para a manutenção do programa.

Encarar o 5S como um "enlatado"

Não existe "receita de bolo" para o 5S. Cada organização tem sua característica e sua cultura. Implantar o 5S da mesma forma que foi visto em uma outra organização é um grande erro.

Achar que o 5S é uma "panaceia"

Apesar de seu alto poder de influência em todos os segmentos, já que é um processo educacional, o 5S está longe de ser um remédio para todos os males. Política de RH ineficaz, baixo grau de instrução, tecnologia obsoleta, gestão intuitiva, excesso de níveis hierárquicos e baixos níveis salariais, são exemplos de problemas complexos que o máximo que o 5S pode fazer é trazê-los à tona.

Ter pressa na execução

Querer mudar drasticamente a cultura da organização e das pessoas é uma tentativa que não obtém efeitos duradouros. Portanto, acreditar que em três ou quatro meses o 5S estará implantado, é não reconhecer as particularidades e limitações das pessoas. Hábitos resultantes de vários anos de vida não são rapidamente modificados.

Fazer o 5S para os outros

Esta é uma prática frequente nas organizações. Fazer 5S para uma visita do presidente, autoridade ou profissionais de outras organizações; fazer 5S para o chefe, comitê ou avaliadores; fazer 5S para o cliente é o mesmo que "jogar o lixo embaixo do tapete".

Limitar o 5S às instalações e ao ambiente de trabalho

Dar uma conotação estritamente técnica, usando uma linguagem restrita às instalações e ao local de trabalho, faz com que o 5S seja visto como um programa que traz benefícios apenas para a organização, desmotivando as pessoas ao longo do processo de implantação.

Outro fator importante para a assimilação do 5S é a formação educacional de cada pessoa. Quando se trata com uma população adulta, as chances de introduzir, com sucesso, um comportamento que não faça parte de sua memória, são remotas. Isto significa que as pessoas que aderem inicialmente ao 5S são aquelas que já praticam estes conceitos de forma natural, em função da educação recebida ao longo de sua vida. Em um segundo momento aderem ao 5S àquelas pessoas que experimentaram uma boa educação, mas que, em função da influência de alguns ambientes, relaxaram na prática de alguns aspectos. A dificuldade maior é conquistar a adesão daqueles que efetivamente não vivenciaram alguns comportamentos alinhados com o 5S. E isto, independe do nível sócio econômico, acadêmico ou hierárquico. São estas pessoas as resistentes ao 5S.

Entende-se que o 5S é considerado pelas organizações e entidades como uma coisa natural.

Se o 5S é uma coisa natural, por que devemos insistir em aprender a praticá-lo?

Devemos ensinar o tão natural 5S exatamente porque a vida do ser humano não é assim tão natural. Temos tanta tecnologia, conhecimentos, valores, tantos recursos artificiais descobertos, aperfeiçoados ou inventados pela humanidade, que não são possíveis utilizá-los.

A verdadeira razão pela ineficiência do programa 5S é bem simples. Observa-se que em quase nenhuma empresa brasileira o programa funciona perfeitamente ou pelo menos da forma com a qual se esperava. Sendo assim os resultados obtidos, quase sempre é além do esperado.

Ao contrário dos países de origem do programa ou países desenvolvidos que aderiram ao programa, o mesmo tem uma evolução ascendente e flui com tamanha naturalidade que nos leva a questionar o porque aqui no Brasil não somos capazes de repetir seus feitos.

O fato é que o 5S é uma questão cultural e não organizacional, de forma que hoje, somente conseguiremos que nossos profissionais executem as etapas do programa através de ameaças e punições.

Para ilustrar esta condição cultural, o relato abaixo simplifica os fatos:

Tenho duas filhas uma de 5 anos e outra de 17 anos, ambas foram criadas da mesma forma e com os mesmos conceitos que defendemos. Entretanto, a filha de 5 anos tem suas atitudes naturais voltadas para a preservação ambiental. Após tomar um simples iogurte, ela lava o recipiente e o deposita em uma sacola separada do lixo encontrado na lixeira da cozinha. Ela tem o costume de separar os mais diversos tipos de lixos domésticos e direcioná-los a um saco diferente.

Já a filha de 17 anos acredita que é mera perda de tempo selecionar o lixo e somente o faz com cobranças e punições, não tem a iniciativa de limpar um recipiente usado antes de descartá-lo, ainda acredita que é tempo perdido.

Como pode em uma mesma família, duas pessoas receberem a mesma educação dos pais e possuírem hábitos distintos?

A resposta está na educação cultural externa, onde a filha de 5 anos foi direcionada para a escola desde os seus primeiros anos de vida, onde a escola inseriu em sua educação a necessidade de distinção dos lixos, como forma de preservação do meio ambiente. Já a filha de 17 anos teve uma educação escolar tradicional, assim como os pais, tios e avós.

Somente teremos sucesso natural com o Programa 5S em gerações futuras, desde que os conceitos da doutrina 5S sejam inseridos nas escolas como fonte de aprendizado formal, e que isso passe a fazer parte do dia a dia de nossas crianças, para que cresçam e se tornem adultos e profissionais melhores.

Portanto, a ineficiência do 5S é um problema social e cultural, onde a fonte de solução para esta condição, infelizmente, ainda é governamental.

4.2- Benchmarking e Benchmark

Os Japoneses têm uma palavra chamada "dantotsu" que significa lutar para tornar-se o "melhor do melhor", com base num processo de alto aprimoramento que consiste em procurar, encontrar e superar os pontos fortes dos concorrentes.

Benchmarking é um processo contínuo de identificação, conhecimento, comparação e adaptação dos produtos, serviços, processos e práticas empresariais entre os mais fortes concorrentes ou empresas reconhecidas como líderes. É um processo de pesquisa que permite realizar comparações de processos e práticas "companhia-a-companhia" para identificar o melhor do melhor e alcançar um nível de superioridade ou vantagem competitiva.

Benchmark é uma medida, uma referência, um nível de performance reconhecido como padrão de excelência para um processo de negócio específico.

Sendo assim, podemos dizer que Benchmark são os fatos ou os indicadores e Benchmarking é o processo que proporciona melhorias na performance.

As quedas das barreiras comerciais, o rápido avanço tecnológico, o maior acesso às informações disponíveis e o grande aumento das expectativas dos clientes em todo mundo são os principais agentes que surgiram com o fenômeno da globalização.

A competitividade mundial aumentou, acentuadamente, obrigando as empresas a um contínuo aprimoramento de seus processos, produtos e serviços, visando oferecer alta qualidade com baixo custo e assumir uma posição de liderança no mercado onde atua.

Na maioria das vezes o aprimoramento exigido, sobretudo pelos clientes dos processos, produtos e serviços, ultrapassa a capacidade das pessoas envolvidas, por estarem elas presas aos seus próprios paradigmas.

É necessário que as organizações que buscam o benchmarking como uma ferramenta de melhoria assumam uma postura de "organização que deseja aprender com os outros" para que possa justificar o esforço investido no processo, pois essa busca das melhores práticas é um trabalho intensivo, consumidor de tempo e que requer disciplina. Portanto, benchmarking é uma escola onde se aprende a aprender.

Saber fazer e adaptar benchmarking no processo da organização pode nos permitir vislumbrar oportunidades e também ameaças competitivas, constituindo um atalho seguro para a excelência, com a utilização de todo um trabalho intelectual acumulado por outras organizações evitando os erros e armadilhas do caminho.

Mais do que uma palavra mágica, o benchmarking é um conceito que está alterando consideravelmente o enfoque da administração, onde o mesmo é composto de atributos que determinarão o sucesso ou ainda a sobrevivência das empresas.

Esta ferramenta surgiu com a necessidade de obter informações e aprender muito rápido a forma de corrigir os problemas empresariais.

Esta cultura começou a ser utilizada desde o final do século XIX por Frederick Taylor. Durante a segunda guerra mundial as empresas já se comparavam para definir padrões de trabalho. Após a segunda guerra mundial os japoneses começaram a estudar os produtos americanos e melhorá-los.

Existem diferentes tipos de Benchmarking:

Benchmarking Interno – é o método de comparar as funções dentro da organização, entre departamentos ou entre unidades de negócios. É a prática mais comum e a mais acessível e permite um maior conhecimento das informações coletadas.

Benchmarking Competitivo – é a forma de comparar processos, serviços, produtos e métodos com empresas que são teoricamente concorrentes diretas. Neste tipo existe uma dificuldade por causa da confidencialidade das organizações que possuem o mesmo ramo de atividade, que queiram partilhar seu Know-how, ou seja expor suas forças ou fraquezas.

Benchmarking Funcional – é a forma de comparar atividades funcionais semelhantes de empresas que não são literalmente concorrentes, onde este tipo busca resultados e melhorias mais expressivos, os quais podem ser adaptados.

Benchmarking Estratégico - é o tipo que possui um ponto de vista ainda mais radical, uma vez que promove a análise fundamental de processos que cruzam várias funções em vários setores que possivelmente podem não estar relacionados.

Ressalva Benchmarking

Benchmarking é um processo de comparação de produtos, serviços e práticas empresariais, e é um importante instrumento de gestão das empresas. O benchmarking é realizado através de pesquisas para comparar as ações de cada empresa, e tem o objetivo de melhorar as funções e processos de uma determinada empresa, além de ser um importante aliado para vencer a concorrência, uma vez que o benchmarking analisa as estratégias e possibilita a outra empresa criar e ter ideias novas em cima do que já é realizado.

O benchmarking consiste em aprender com outras empresas, sendo um trabalho de grande intensidade, que requer bastante tempo e disciplina. Pode ser aplicado a qualquer processo e é relevante para qualquer organização, tendo em conta que se trata de um instrumento que vai contribuir para melhorar o desempenho da empresa ou organização.

O Benchmarking não é mais um processo, é uma ferramenta de pesquisa, uma técnica, uma ferramenta de gestão, onde a organização avalia o desempenho de seus processos, sistemas e procedimentos de gestão, comparando com os melhores resultados do mercado, em regra geral são utilizados como referência de comparação.

Esta prática consiste na pesquisa de melhores métodos utilizados nos diferentes processos de negócio e funções empresariais, com especial incidência naqueles cujo impacto no desempenho conseguem assegurar vantagens competitivas, onde sua avaliação e comparação não representam um fim, e sim mais um meio de apoio ao processo de melhoria contínua.

Esta ferramenta estratégica possui princípios próprios, onde estão inseridos em um código de conduta, que diz que há reciprocidade da partilha e, no uso das informações, a confidencialidade e o respeito pela individualidade dos parceiros são regras invioláveis.

O que mais leva ao fracasso da aplicação da ferramenta é a violação do código de conduta, práticas estas realizadas constantemente pela maioria das organizações que se dispõe a utilizar a ferramenta.

As violações mais frequentes as quais as organizações apresentam são:

a) Facultam os resultados em um estudo, sem ter o consentimento por parte das organizações participantes.

b) Não estão disponíveis para prestarem os mesmos tipos de informações que solicitou a seus parceiros.

c) Transmitir as informações do estudo para o exterior da empresa sem prévia autorização de forma a infringir o princípio da confidencialidade.

d) Comercializar ou vender as informações obtidas durante o processo ou estudo.

e) Não respeitar a cultura ou as diretrizes empresariais das organizações parceiras.

f) Não trabalhar de acordo com os procedimentos previamente estabelecidos pela organização parceira.

g) Revelar, em reuniões, os nomes dos contatos sem autorização.

h) Não estar totalmente aberto à troca de informações, para que se possa tirar maior proveito possível de ambas as partes.

i) Não cumprir com os compromissos acordados entre os parceiros.

j) Não compreender de que modo os parceiros gostariam de ser tratados.

Além do descumprimento do código de conduta, existem também, algumas falhas cruciais que levam a organização em direção ao fracasso na utilização do Benchmarking, falhas estas facilmente identificadas nas organizações, durante a gestão da ferramenta:

Falha 1: Falta de Liderança – é extremamente necessário que o programa tenha um líder que conheça os conceitos do Benchmarking.

Falha 2: Formação da Equipe – a equipe deve ser formada pelas mesmas pessoas que trabalham no processo.

Falha 3: Equipes que não compreendem bem o seu trabalho – algumas equipes visitam outras empresas com a esperança de aprender como foi alcançado um nível de desempenho superior, mas o que obtêm são apenas informações e não exemplos.

Falha 4: Equipes ambiciosas demais – é preciso apenas segmentar o problema e selecionar o melhor processo que contribua para os reais objetivos da organização.

Falha 5: Indecisão dos Gestores – a não compreensão do compromisso necessário.

Falha 6: Medições numéricas ao contrário de processos – é necessário saber que um concorrente tem um índice de pontualidade melhor que o nosso, porém não significa que esse índice tem que ser a nossa meta, a não ser que ele seja o objetivo a ser alcançado, pois pode-se melhorar todo e qualquer índice.

Falha 7: O não posicionamento do Benchmarking como uma estratégia maior – entender que o Benchmarking é uma das muitas ferramentas de gestão para a qualidade total, tal como solução de problemas, gestão de pessoas e reengenharia de processos, onde os resultados poderão ser muito melhores, caso sejam utilizadas juntas.

Falha 8: Percepção errada da missão, metas e objetivos da organização – acontece quando os gestores não conseguem ser claros e se fazem entender durante a explicação dos objetivos e metas, as equipes certamente não estarão preparadas para selecionar os processos adequados para os estudos da organização e aplicação da ferramenta.

Falha 9: Entender que todo projeto necessita de visitas e informações de outras empresas – entender que é necessário a realização de reuniões com organizações bem estruturadas e que sempre são positivas. A experiência tem revelado que informações de domínio público nem sempre são produtivas para os envolvidos, portanto, o projeto gera custo e necessita que se tenha um orçamento disponível pata tal.

Falha 10: Não utilizar a ferramenta já elaborada – uma vez que o Benchmarking tenha sido concluído para uma área ou processo específico, referências de excelência tenham sido estabelecidas e mudanças de processos implementadas, a organização deve rever o progresso da implementação e dos resultados.

Falha 11: Volume de informações e organizações – o maior erro das organizações na utilização da ferramenta é escolher apenas uma única referência de resultado para seus estudos, onde o que se recomenda é que seja realizado um estudo inicial para levantamento das organizações que apresentam melhores resultados, após esta relação já definida, inicia-se a escolha das organizações que são comercialmente semelhantes. O balanço de todos esses resultados ou processos é que nos direcionam para aplicação das melhores práticas e evolução da ferramenta. Não se recomenda analisar uma única organização como fonte de parceria para aplicação da ferramenta Benchmarking.

"Se conhecemos o inimigo e a nós mesmos, não precisamos temer o resultado de uma centena de combates.

Se nos conhecemos, mas não ao inimigo, para cada vitória sofreremos uma derrota.

Se não nos conhecemos, nem ao nosso inimigo, sucumbiremos em todas as batalhas".

Sun Tzu / A arte da Guerra

4.3- RCM

Manutenção Centrada na Confiabilidade (RCM – Reliability Centred Maintenance) é a aplicação de um método estruturado para estabelecer a melhor estratégia de manutenção para um dado sistema ou equipamento.

Fogliatto (2006), Elsayed (1992) e Lafraia (2001) definem a confiabilidade como a probabilidade de um item desempenhar adequadamente seu propósito especificado, por um determinado período de tempo e sob condições ambientais predeterminadas.

Fogliatto (2006) acrescenta que a confiabilidade de um item pode ser descrita matematicamente como a probabilidade do mesmo cumprir sua função com sucesso, podendo assumir valores entre zero e um, e podendo ser calculada por axiomas da probabilidade.

Segundo Moubray (2001), a RCM consiste em um processo utilizado para determinar o que deve ser feito em um sistema industrial a fim de assegurar que os itens físicos realizem suas funções.

A metodologia de RCM se caracteriza por envolver nos estudos e na proposição de novos planos de manutenção, além dos representantes da manutenção e de especialistas, representantes da operação, da segurança e da qualidade, garantindo que a visão e as expectativas de cada setor estejam representadas nas decisões sobre a nova política de manutenção a ser adotada. Este grupo deve analisar as necessidades estratégicas da empresa, em termos de aumento de disponibilidade e confiabilidade dos ativos, e a maneira mais econômica de alcançar estes objetivos.

Com isto é possível definir os sistemas e subsistemas que serão analisados e suas fronteiras. O processo de decisão e o conhecimento atrelado a ele devem ser documentados para orientar as decisões e etapas seguintes do processo.

Apesar de utilizar as diversas técnicas de manutenção existentes, exige que algumas das práticas correntes de MP, incutidas durante anos, sejam modificadas drasticamente.

Sem grandes preocupações formais, podemos afirmar que a RCM envolve: uma consideração sistemática das funções do sistema, a maneira como essas funções falham e um critério de priorização explícito baseado em fatores econômicos, operacionais e de segurança para a identificação das tarefas de manutenção aplicáveis tecnicamente e custo-eficientes no combate a essas falhas.

Em contraposição ao planejamento tradicional, o paradigma central da RCM é a "preservação da função do sistema". É importante frisar que preservar a função do sistema não é o mesmo que preservar a operação do equipamento. É óbvio que preservamos a função do sistema por meio da preservação da operação de todos os seus equipamentos.

Esta ferramenta começa identificando a funcionalidade ou desempenho requerido pelo equipamento no seu contexto operacional, identifica os modos de falha e as causas prováveis e então detalha os efeitos e consequências da falha. Isto permite avaliar a criticidade das falhas e onde podemos identificar consequências significantes que afetam a segurança, a disponibilidade ou o custo. A metodologia permite selecionar as tarefas adequadas de manutenção direcionadas para os modos de falha identificados.

As estratégias de manutenção em vez de serem aplicadas independentemente são integradas para tirarmos vantagens de seus pontos fortes de modo a otimizar a operacionalidade e eficiência da instalação e dos equipamentos.

Na aplicação da RCM são definidas as tarefas preventivas ou corretivas, a serem contempladas, bem como a frequência das inspeções, oportunizando a realização de discussões técnicas, com profundidade suficiente, para uma reavaliação dos procedimentos de manutenção adotados.

A RCM compreende o cumprimento ordenado das seguintes etapas:

a) definição do sistema ou equipamento a ser analisado, suas fronteiras e interfaces;

b) análise funcional de cada componente do sistema ou equipamento;

c) análise dos modos e efeitos de falha, ou seja, aplicação da ferramenta Failure Modes and Effects Analysis – FMEA;

d) utilização de diagramas de decisão para definição e seleção das tarefas de manutenção;

e) formulação e implantação do plano de manutenção.

Para o desenvolvimento das etapas da RCM, faz-se necessário constituir uma equipe multidisciplinar de trabalho.

Essa equipe é composta por um representante de cada especialidade, técnico ou engenheiro, com pleno conhecimento e experiência em atividades entre as quais se destacam: a execução, a operação dos equipamentos, o projeto e a engenharia de manutenção.

A equipe deve ser selecionada entre todas as áreas envolvidas, para promover uma contribuição mais representativa das diferentes experiências e conhecimentos. Cumpre a equipe determinar os principais pontos e problemas, identificar e propor ideias, fornecer e recomendar análises ou técnicas apropriadas, bem como decidir consensualmente, com base na avaliação coletiva alcançada, por meio da participação ativa de todos os membros.

A representatividade dos participantes e o seu conhecimento individual especializado devem ser complementados com entendimento sobre as definições e conceitos da RCM. Esses conteúdos contemplam o detalhamento dos procedimentos a serem considerados em cada etapa da aplicação da RCM. Essa forma de trabalhar tem sido denominada – aprendizagem simultânea –.

As reuniões devem ser coordenadas, de acordo com Moubray (2000), por um membro facilitador, especializado na aplicação da RCM. O facilitador deve preparar antecipadamente todos os requisitos necessários para o emprego dessa metodologia e interagir com os demais participantes, também com a preocupação de otimizar o tempo das reuniões. A eficiência e a eficácia no exercício dessas atividades diminui o custo gerado pelo tempo gasto com as reuniões, custo este apontado pelos críticos como uma das desvantagens da aplicação da RCM.

Portanto, a RCM configura-se com uma estratégia organizacional, da área de manutenção, que agrega valor ao processo produtivo. O desempenho técnico dos equipamentos, com a participação dos profissionais envolvidos, resulta em maior disponibilidade e confiabilidade, como também na otimização dos custos operacionais.

A obtenção de um plano de manutenção custo-eficiente configura-se também como uma das potencialidades da aplicação da RCM. Essa metodologia permite o resgate e a sistematização do conhecimento dos profissionais envolvidos no processo de manutenção, gerando maior comprometimento acerca do trabalho executado.

Ressalva

Nenhum estudo de implantação de programas de manutenção, em qualquer empresa, pode ser devidamente efetuado sem se considerar os custos envolvidos.

Eles são, na verdade, os fatores mais importantes a serem examinados para se decidir entre diferentes programas de manutenção. Os custos envolvidos são fundamentais para a decisão de realizar, ou não, atividades de manutenção. A questão principal a discutir é a forma como os custos são analisados.

Somente quando os custos de um programa de manutenção são comparados com os custos gerais originados pela falta de manutenção é que se consegue persuadir os gerentes de empresas a implementá-los.

Cabe mostrar que o dinheiro aplicado em programas de manutenção é, na verdade, um investimento, que proporciona redução não somente nos custos de reparo de máquinas, mas também nos de parada de máquinas.

De acordo com a literatura □Manutenção □ Função Estratégica" de Alan Cardec e Julio Nascif existem algumas verdades que se precisa saber ao utilizar a ferramenta estratégica RCM, o insucesso da aplicação da ferramenta, vem se tornando muito frequente nos dias atuais, onde os erros cometidos pelas organizações são os mesmos.

O que se precisa saber sobre RCM:

- **Morosidade:** é um processo demorado onde o estudo e a avaliação de cada etapa demandam muito tempo para que se possa obter um resultado satisfatório. Porém as organizações querem determinar um tempo para início e término do projeto, tempo este na maioria das vezes infinitamente inferior ao tempo necessário para realizar todo o estudo e levantar todas as informações necessárias para alimentar a ferramenta.

- **Formação de equipe:** a equipe que deverá realizar o estudo e implantar a ferramenta deve ser multidisciplinar, onde deverá conter no mínimo um membro de cada área de atuação da empresa, contemplando o setor estratégico, segurança, administrativo, manutenção, operação, logística entre outros. O que ocorre na maioria das vezes é que os gestores indicam determinados colaboradores para realizarem os estudos, os quais não têm conhecimentos reais sobre as demais áreas de atuação, deixando assim que a ferramenta não absorva todas as informações necessárias ou reais para o completo prosseguimento das etapas futuras.

- **Dedicação:** toda equipe destinada a realização dos estudos e análises dos ativos para levantamento e coleta de informações deveria dedicar-se em tempo integral, mantendo o foco no trabalho a ser desenvolvido. Na realidade, quando uma organização decide implantar esta ferramenta, a equipe destinada a desenvolver a ferramenta e coletar as informações, ainda tem que dividir seu tempo entre os estudos necessários para a efetivação da ferramenta e suas atividades de rotina. Isto faz com que o foco seja desviado para suas obrigações do dia a dia e o tempo de realização se torne infinitamente maior do que o esperado e ou determinado. Ressaltando ainda que a qualidade das informações absorvidas não serão as desejadas para o sucesso da sistemática implantada.

- **Investimentos:** confiabilidade sempre custa dinheiro, para que tenhamos confiabilidade de nossos ativos e nossos sistemas, jamais podemos esquecer que isso implicará diretamente nos custos da organização, uma vez que é extremamente necessário os investimentos de capital para disponibilizarmos os recursos essenciais para cada etapa de implantação da ferramenta. O que acontece com muita frequência nas organizações é que os gestores ou acionistas querem atingir as melhores práticas e estabelecerem no cenário de classe mundial sem que haja custos e ou investimentos. Esta condição de contenção total das despesas faz com que a ferramenta não tenha força para sobreviver. Às vezes o barato sai caro, pois um ativo pode possuir um menor custo de aquisição, porém em função de sua menor confiabilidade, possui maiores custos de manutenção e perdas por lucro cessante, acarretando assim em um custo maior em seu ciclo de vida.

- **Falhas:** o objetivo da ferramenta é de garantir a continuidade operacional do ativo ou do sistema. Entretanto, a maioria das equipes que inicia o estudo para aplicação da ferramenta almeja eliminar toda e qualquer falha dos equipamentos ou ativos, uma ação que tecnicamente é quase impossível, ou os recursos disponibilizados para tal objetivo tornaria a manutenção altamente custosa, inviabilizando qualquer processo.

- **Tipo de manutenção:** já é sabido que ativos iguais podem possuir fases de vidas diferentes, portanto, cada ativo deve possuir uma estratégia diferente, por mais que sejam idênticos. Deve-se levar em consideração a forma de operação, a localização ou ambiente instalado, as funções desempenhadas e suas aplicabilidades. O que mais se vê nas organizações é os famosos Ctrl+C e Ctrl+V, para ativos que possuem semelhanças construtivas. Quando o fabricante determina uma rotina de manutenção para um determinado ativo, principalmente, se o mesmo é produzido em série, ele não avalia o ambiente o qual o ativo será instalado nem a forma de operação a qual ele será submetido, por mais que o ciclo de vida o determine, sempre trabalham em uma faixa de vida útil, o que pode variar de acordo com os critérios de cada usuário.

- **Modalidade:** na história já ficou provado que nem sempre mais manutenção preventiva é melhor, e nem sempre mais manutenção corretiva é pior. A definição da forma de manutenção deve ser definida pela aplicação da curva da banheira, para verificarem em que nível a falha acontece no ativo. Quase uma totalidade das equipes que desenvolvem e aplicam o RCM focam na eliminação total da manutenção corretiva, o que torna a estratégia e a ferramenta com um universo infinito de atividades, onde demandará um enorme efetivo para realizar todas as atividades levantadas, embora uma boa parte dessas atividades não causaria nenhuma descontinuidade do processo nem mesmo danos à cadeia produtiva, de forma que sua quebra as tornam mais barata do que as supostas intervenções desnecessárias.

- **Equipamentos:** os ativos ou equipamentos não falham, as falhas acontecem nos componentes e elementos de máquinas, portanto deve-se levar em consideração os desgastes dos elementos internos para análise da sistemática. Em contra partida as equipes destinadas ao desenvolvimento da ferramenta realizam uma análise macro do equipamento, aonde sua percepção não vai além da estrutura física dos ativos, impedindo assim que seus elementos internos, dedicados e sensíveis sejam avaliados e realizem o acompanhamento de sua vida útil.

- **Projeto:** se um ativo operar fora das condições para qual foi projetado, a ferramenta nada poderá fazer para melhorar sua confiabilidade. A ferramenta só pode garantir o desempenho desejado e este desempenho for menor que o possível, pois só se garante a confiabilidade de projeto. A postura, principalmente dos gestores e da operação, necessita que o ativo apresente um rendimento cada vez maior do que o anterior. Com base neste tipo de pensamento e filosofia, as organizações destinam suas equipes para realizarem estudos e implantarem a ferramenta com o intuito de aumentar o rendimento e a confiabilidade dos ativos sem investimentos. Este é um dos erros mais comuns dentro das organizações.

- **Mão de obra:** os grandes estudiosos de manutenção defendem a teoria de que para aumentar a confiabilidade de seus ativos, evite a intervenção desnecessária. O Ativo é substancialmente mais confiável do que os profissionais da manutenção. É o fator homem na interface homem / máquina que é o problema. Portanto, uma das estratégias para aumentar a confiabilidade de um ativo é minimizar a necessidade da intervenção humana, para evitar que as intervenções de manutenção necessárias provoquem o aumento da taxa de falhas, é extremamente importante a utilização de práticas que garantam a qualidade dos serviços. A qualificação e certificação dos profissionais são cruciais. Infelizmente, a qualidade da mão de obra do homem da manutenção nos dias de hoje nos deixa muito a desejar, as organizações não cumprem com seus programas de treinamentos de especializações de seus profissionais, caso este que faz com que as organizações não consigam manter a qualidade mínima dos serviços necessários. Desta forma para garantir a aumento da garantia da confiabilidade de um ativo deve-se minimizar a ação da intervenção humana.

- **Manutenção:** o conceito da manutenção deve ser em não fazer manutenção, ou seja, a proposta é praticar manutenção sem pôr as mãos no ativo. A alta disponibilidade de um ativo não é reflexo do alto volume de intervenção da manutenção. Para melhorar a confiabilidade há que se trabalhar o fator Homem, com políticas, boas práticas, estrutura organizacional, treinamentos e níveis de habilitação. Devemos lembrar sempre de que o problema é o homem e não a máquina. É irônico continuar acreditando que muitos pensam que a solução ainda seja encher as áreas com o pessoal de operação e manutenção, práticas estas ainda cultivadas em algumas organizações nos dias de hoje.

- **Ênfase:** a ênfase da manutenção deve ser na análise de causas das falhas, e não somente reparar. A análise sistemática das falhas dos ativos e de problemas operacionais, bem como o intercâmbio e divulgação das informações, são práticas imprescindíveis. As informações também devem ser consideradas como um ativo da empresa. Excesso de demanda gera intervenções superficiais e incompletas, além de elevar os custos. Problemas crônicos têm origens em causas que não são usualmente aparentes. Infelizmente, os gestores de hoje em dia ainda focam seus maiores esforços no conceito de reparar os ativos de forma rápida para retomarem a produção, não se atentando para as causas, raízes das falhas. Esta prática além de não eliminar os problemas crônicos, ainda aumenta consideravelmente seus índices de MTBF.

- **Donos:** a produção não é a única proprietária dos ativos. A operação é a primeira linha de defesa contra as falhas, por ser a fonte geradora de receitas. Entretanto, a responsabilidade também é da manutenção e engenharia, as quais devem ser consideradas como processos críticos no ciclo de vida da organização e não somente como área de apoio. Em quase uma totalidade das organizações, a operação é considerada a proprietária dos ativos por ser a fonte de receita e que a manutenção ainda é vista como despesa, e na maioria das vezes, alguns gestores ainda acreditam que é desnecessária, onde o primeiro ponto a se cortar custos é exatamente na manutenção.

- **Custos:** Praticar manutenção puxada no lugar de manutenção empurrada. Integrar a manutenção, operação e engenharia de maneira simultânea, tem a intenção de fazer com que todos considerem, desde a etapa conceitual, todos os elementos do ciclo de vida do ativo ou sistema, incluindo disposição no final de vida. Antes de reduzir custos, é preciso manter altos fatores de disponibilidade. Na manutenção puxada, as tarefas que aumentam a disponibilidade dos ativos são estrategicamente priorizadas. Somente após se obter um nível consistentemente alto de disponibilidade, é que se busca reduzir os custos de manutenção. Este é o maior paradigma a ser quebrado dentro das organizações, pois o conceito de redução de custos vem sendo aplicado de forma errônea há várias décadas. A própria concepção errada da filosofia do RCM leva as organizações a realizarem este crime contra a manutenção. O poder das palavras interpretadas de forma equivocada causa um grande prejuízo à manutenção, os termos Manutenção Centrada na Confiabilidade, da o entendimento de que o foco está única e exclusivamente na confiabilidade, pois quando se centra, se foca, desta forma como seu foco está direcionado para a confiabilidade, as organizações se esquecem dos periféricos, os quais são de suma importância para a cadeia produtiva. Somente se tem uma visão realista da ferramenta quando a organização entende que o correto não é centrar a manutenção na confiabilidade e sim Otimizar a manutenção pela confiabilidade, desta forma todos os recursos são analisados e direcionados para atingir o ápice da ferramenta. Outro fator primordial é a equalização das funções de projeto dos ativos para iniciar o processo de redução de custos, ou seja, da otimização dos custos. A organização tem que entender que antes de garantir a confiabilidade, é necessário investimentos para habilitar o ativo dentro de sua concepção do projeto inicial, com todas as suas funções requeridas em projeto, ativas e operantes. No contexto moderno, o termo redução de custos deve ser modificado pelo termo Adequação dos custos de forma que quando se adequa, se equaliza de forma consciente e eficaz.

4.4- TPM

Manutenção Produtiva Total. O TPM é um modelo de gestão que busca a eficiência máxima dos sistemas produtivos através da eliminação de perdas e do desenvolvimento do homem e sua relação com o equipamento.

O TPM é o resultado do esforço de empresas japonesas em aprimorar a manutenção preventiva que nasceu nos Estados Unidos. Este trabalho iniciou-se por volta de 1950. Dez anos depois, o Japão evoluiu para o sistema de manutenção da produção. Por volta de 1971, o TPM foi formatado no estilo japonês através da cristalização de técnicas de Manutenção Preventiva, Manutenção do Sistema de Produção, Prevenção da Manutenção e Engenharia de Confiabilidade. Retornou aos Estados Unidos em 1987, tendo, logo em seguida, sido introduzido no Brasil, através de visitas do Dr. Seiichi Nakajima.

Segundo o Dr. Nakajima, a melhor prevenção contra quebras deve partir de um agente bem particular, o operador, daí a frase "Da minha máquina cuido eu".

O objetivo global do TPM é a melhoria da estrutura da empresa em termos materiais (máquinas, equipamentos, ferramentas, matéria-prima, produtos etc.) e em termos humanos (aprimoramento das capacitações pessoais envolvendo conhecimento, habilidades e atitudes). A meta a ser alcançada é o rendimento operacional global.

Abrangem-se todos os departamentos: manutenção, operação, transportes e outras facilidades, engenharia de projetos, engenharia de planejamento, estoques e armazenagem, compras, finanças e contabilidade.

São 12 etapas a serem observadas como preparatórias para implementação do programa:

1) Declaração da Diretoria informando sobre a implantação do programa, que deverá ser feita a todos os funcionários, de maneira que todos possam compreender as intenções e expectativas da direção, resultando em uma condição de alerta por parte dos funcionários em relação à introdução do sistema.

2) Educação introdutória e campanha do sistema TPM.

   Fazer com que todos compreendam o sistema TPM através do estabelecimento de uma linguagem comum, voltada aos propósitos da cultura TPM.

3) Estabelecimento da estrutura de promoção do TPM e um modelo piloto. Organização matricial que seja composta por organização horizontal (comitê de promoção TPM ou equipe de projeto) e organização vertical, que combinem com a organização regular da empresa.

4) Estabelecimento da política e metas básicas voltadas ao TPM.

   Papel da Alta Administração:
   A alta administração dos departamentos deverá apresentar ao presidente uma proposta do sistema e os efeitos provocados por ele, convencendo-o de modo que se torne partidário e defensor do TPM.

O comunicado da implantação deve sempre ser feito pela direção superior. Funcionários subordinados jamais deverão ser encarregados desta tarefa. Promoção do TPM como parte de uma política e de uma organização objetiva.

5) Criação de um plano piloto para implantação do TPM.

   Estabelecimento de um plano que cubra todo o processo TPM, desde o estágio introdutório até a avaliação para concessão do conceito de excelência.

6) Início do sistema TPM. Através de um aviso é informado a todos os funcionários a data de início do programa TPM que visa reduzir a zero os oito tipos principais de perda em equipamentos.

7) Estabelecimento de sistemas para aperfeiçoamento da eficiência produtiva.

   7.1) Melhoria individual. Criar equipe de projetos formada por engenheiros de produção, pessoal de manutenção, gerentes de linha e pequenos grupos integrantes de círculos de produção, para selecionar o equipamento piloto para início da aplicação do TPM.

   7.2) Estabelecimento da Manutenção Autônoma.

   7.3) Fazer com que todos os operadores compreendam a Manutenção Autônoma, desde a direção até os operários de linha, desde o conceito até a execução.

   7.4) Manutenção Planejada. Educação e treinamento para elevação dos níveis de operação e manutenção.

8) Sistema de controle inicial para novos equipamentos.

9) Estabelecimento do sistema Hinshitsu-Hozen (Manutenção da qualidade).

10) Obtenção de eficiência operacional nos departamentos administrativos.

11) Estabelecimento de condições de segurança, higiene e ambiente de trabalho.

12) Aplicação plena do TPM e elevação dos respectivos níveis.

Os oito pilares

O Programa TPM é composto de oito pilares de sustentação:

Os oito pilares do TPM são as bases sobre as quais um programa consistente, envolvendo toda a empresa nas principais metas: zero defeitos, zero acidentes, zero quebra, zero falhas, aumento da disponibilidade de equipamento e lucratividade.

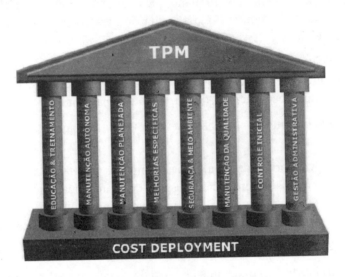

Pilares da Manutenção

1º pilar: Manutenção Autônoma (Jishu Hozen).

O objetivo deste pilar é a melhoria da eficiência dos equipamentos, desenvolvendo a capacidade dos operadores para a execução de pequenos reparos e inspeções, mantendo o processo de acordo com padrões estabelecidos, antecipando-se aos problemas potenciais.

"Do meu equipamento cuido Eu"

2º pilar: Manutenção Planejada

Mentalidade típica da produção:

Conscientização das perdas decorrentes das falhas de equipamentos e as mudanças de mentalidade das divisões de produção e manutenção, minimizando as falhas e defeitos com o mínimo custo.

A manutenção planejada desenvolve os mantenedores na execução de um sistema de manutenção mais efetivo, trabalhando com a equipe operacional, tendo como principal objetivo o de eliminar todas as perdas que possam vir ocorrer.

"Eu opero, você conserta" Manutenção X Produção

3º pilar: Melhorias Específicas.

Melhoria individual (***Kobetsu-Kaizen***), atividade que serve para erradicar, de forma concreta, as oito grandes perdas que reduzem o OEE do equipamento. Através da eliminação dessas perdas, melhora-se a eficiência global do equipamento.

OEE (Overall Equipment Effectiveness) = Eficiência Operacional Máxima

"É a utilização plena das funções e capacidades de um equipamento".

Tem como objetivo a eliminação das perdas existentes no processo produtivo, obtendo a eficiência máxima dos equipamentos.

4º pilar:: Educação e Treinamento.

O objetivo deste pilar, é o de promover um sistema de capacitação para todos os funcionários tornando-os capacitados para desenvolverem suas atividades com responsabilidade e segurança. Promovendo um ambiente de trabalho saudável, desenvolvendo novas habilidades e conhecimentos para o pessoal da manutenção e da produção.

De acordo com a filosofia TPM, "habilidade é o poder de agir de forma correta e automaticamente (sem pensar), com base em conhecimentos adquiridos sobre todos os fenômenos e utilizá-los durante um grande período".

É de fundamental importância a capacitação do operador, através de cursos e palestras, para que ele possa conduzir uma manutenção voluntária, sem o receio de cometer erros.

5º pilar: Manutenção da Qualidade (Hinshitsu Hozen)

"O Hinshitsu Hozen (manutenção da qualidade) compreende as atividades que se destinam a definir condições do equipamento que excluam defeitos de qualidade, com base no conceito de manutenção do equipamento em perfeitas condições para que possa ser mantida a perfeita qualidade dos produtos processados."

As condições são verificadas e medidas regularmente, para que se constate se os valores medidos se encontram dentro do valor padrão para prevenir defeitos.

A alteração de valores medidos é observada para prever as possibilidades de ocorrência de defeitos e para que se possam tomar medidas de combate antecipadamente.

As reduções dos defeitos ocorrem como o resultado da implantação do programa TPM, durante a sua implantação os resultados são significativos. O desenvolvimento do pilar da manutenção da qualidade se torna necessário para dar continuidade ao programa de redução dos defeitos.

6º pilar: Controle Inicial.

É o conjunto de atividades que visam a redução das perdas do período entre o desenvolvimento do produto e o início da produção plena e a consecução do efetivo desenvolvimento do produto e investimentos em equipamentos para atingir o início vertical da produção plena.

Trata-se de consolidar toda a sistemática para levantamento das inconveniências, imperfeições e incorporação de melhorias, mesmo em máquinas novas e através dos conhecimentos adquiridos, tornar-se apto a elaborar novos projetos onde vigorem os conceitos PM (Prevenção da Manutenção), o que resultará em máquinas com quebra / falhas Zero.

Na abordagem tecnológica do ciclo de vida de um equipamento está dividido nas seguintes fases: especificação, projeto, fabricação, instalação, comissionamento, operação e substituição.

O controle inicial é o intervalo de tempo entre a fase de especificação até a fase de comissionamento ou partida, quanto ao seu final, o equipamento é entregue ao departamento de produção para a operação plena.

7º pilar: TPM Administrativo.

O TPM no escritório? O que o setor administrativo tem a ver com o programa TPM, se não utiliza-se de equipamentos de produção?

Além do aprimoramento do trabalho administrativo, eliminando-se desperdício e perdas geradas pelo trabalho de escritório, é necessário que todas as atividades organizacionais sejam eficientes. Os resultados concretos devem ser alcançados como contribuição para o gerenciamento da empresa.

O setor Administrativo é responsável em conduzir o programa e formar os times de melhorias para atuarem nas resoluções dos problemas, utilizando a metodologia MASP (Metodologia de Análise e Solução de Problemas). As principais perdas que geram paradas no processo são analisadas e seus possíveis ganhos são contabilizados.

8º pilar: Segurança, Saúde e Meio Ambiente.

É o pilar responsável em manter o indicador de acidente zero, doenças ocupacionais zero e danos ambientais zero, além de proporcionar um sistema que garanta a preservação da saúde e bem estar dos funcionários e do meio ambiente.

O cuidado da saúde individual de cada pessoa deve ser exigido e possibilitado pela empresa. Este cuidado fará com que as faltas por motivo de doença diminuam consideravelmente.

Ressalva

O TPM tem como propósito construir, no próprio local de trabalho, mecanismos para prevenir as diversas perdas (genba-genbutsu), tendo como objetivo o ciclo de vida útil do sistema de produção.

Durante muito tempo as indústrias funcionaram com o sistema de manutenção corretiva, com isso, ocorriam desperdícios, retrabalhos, perda de tempo e de esforços humanos, além de prejuízos financeiros. A partir de uma análise desse problema, passou-se a dar ênfase na manutenção preventiva. Com enfoque nesse tipo de manutenção, foi desenvolvido o conceito de manutenção produtiva total, conhecido pela sigla TPM (Total Productive Maintenance), que inclui diversos programas de manutenção.

Desde a criação da estratégia, sempre nos deparamos com organizações que se predispõem a implantar a ferramenta e em um curto espaço de tempo pode-se observar o descaso e o abandono do programa. Infelizmente, é muito comum nos dias de hoje visualizar o descrédito sobre a estratégia, porém nenhum gestor se manifesta para tentar ao menos entender porque não foi obtido nenhum sucesso com a tentativa de inserção do programa em suas rotinas.

Alguns tópicos que podem justificar a ausência do sucesso do programa serão expostos a seguir:
- **Investimentos:** confiabilidade sempre custa dinheiro, para que tenhamos confiabilidade de nossos ativos e nossos sistemas, jamais podemos esquecer que isso implicará diretamente nos custos da organização, uma vez que é extremamente necessário investimentos de capital para

disponibilizarmos os recursos necessários para cada etapa de implantação da ferramenta. O que acontece com muita frequência nas organizações é que os gestores ou acionistas querem atingir as melhores práticas e se estabelecerem no cenário de classe mundial sem que haja custos e ou investimentos. Esta condição de contenção total das despesas faz com que a ferramenta não tenha força para sobreviver. Às vezes, o barato sai caro, pois um ativo pode possuir um menor custo de aquisição, porém, em função de sua menor confiabilidade, possui maiores custos de manutenção e perdas por lucro cessante, acarretando assim, em um custo maior em seu ciclo de vida.

- **Projeto:** se um ativo operar fora das condições para qual foi projetado, a ferramenta nada poderá fazer para melhorar sua confiabilidade. A ferramenta só pode garantir o desempenho desejado se este desempenho for menor que o possível, pois só se garante a confiabilidade de projeto. A postura, principalmente, dos gestores e da operação é que necessita que o ativo apresente um rendimento cada vez maior do que o anterior. Com base neste tipo de pensamento e filosofia, as organizações destinam suas equipes para realizarem estudos e implantarem a ferramenta com o intuito de aumentar o rendimento e a confiabilidade dos ativos sem investimentos. Este é um dos erros mais comuns dentro das organizações.

- **Custos:** praticar manutenção puxada no lugar de manutenção empurrada. Integrar a manutenção, operação e engenharia de maneira simultânea, tem a intenção de fazer com que todos considerem, desde a etapa conceitual, todos os elementos do ciclo de vida do ativo ou sistema, incluindo disposição no final de vida. Antes de reduzir custos, é preciso manter altos fatores de disponibilidade. Na manutenção puxada, as tarefas que aumentam a disponibilidade dos ativos são estrategicamente priorizadas. Somente após se obter um nível consistentemente alto de disponibilidade, é que se busca reduzir os custos de manutenção. Este é o maior paradigma a ser quebrado dentro das organizações, pois o conceito de redução de custos vem sendo aplicado de forma errônea há várias décadas.

- **Dedicação:** toda equipe destinada a realização dos estudos e análises dos ativos para levantamento e coleta de informações deveria dedicar-se em tempo integral, mantendo o foco no trabalho a ser desenvolvido. Na realidade, quando uma organização decide implantar esta ferramenta, a equipe destinada a desenvolver a ferramenta e coletar as informações, ainda tem que dividir seu tempo entre os estudos necessários para a efetivação da ferramenta e suas atividades de rotina. Isto faz com que o foco seja desviado para suas obrigações do dia a dia e o tempo de realização se torne infinitamente maior do que o esperado e ou determinado. Ressaltando ainda que a qualidade das informações absorvidas não serão as desejadas para o sucesso da sistemática implantada.

- **Morosidade:** é um processo demorado onde o estudo e a avaliação de cada etapa demandam muito tempo para que se possa obter um resultado satisfatório. Porém as organizações querem determinar um tempo para início e término do projeto, tempo este, na maioria das vezes, infinitamente inferior ao tempo necessário para realizar todo o estudo e levantar todas as informações necessárias para alimentar a ferramenta.

- **Formação de equipe:** a equipe que deverá realizar o estudo e implantar a ferramenta deve ser multidisciplinar, onde deverá conter no mínimo um membro de cada área de atuação da empresa, contemplando o setor estratégico, segurança, administrativo, manutenção, operação, logística entre outros. O que ocorre na maioria das vezes é que os gestores indicam determinados colaboradores para realizarem os estudos, os quais não têm conhecimentos reais sobre as demais áreas de atuação, deixando assim que a ferramenta não absorva todas as informações necessárias ou reais para o completo prosseguimento das etapas futuras.

- **Comprometimento gerencial:** este é um erro fatal, normalmente, consequência de uma implantação por iniciativa do órgão de manutenção visando fazer atalhos, uma vez que a Direção da empresa, ignorando o conteúdo e os resultados do TPM, não é devidamente comprometida desde a tomada de decisão. A limitação de tempo para uma abordagem mais técnica, através de uma palestra acompanhada de uma visita a outras empresas, bem como a visão distorcida de que TPM é uma ferramenta da Manutenção, faz com que a Direção da empresa desconheça o TPM e a implantação é feita envolvendo apenas a média gerência das áreas de Manutenção, em função da área de Manutenção histórica e tecnicamente dominar as características dos equipamentos, é atribuída a ela, a responsabilidade de fazer o TPM, sem o comprometimento adequado de outras áreas da empresa, principalmente a Produção e a Engenharia.

- **Forma científica:** os problemas crônicos dos equipamentos não são tratados de forma científica. Uma forte cultura ocidental é querer tratar as coisas pela sua superficialidade, ou seja, pelo que é visível. É a conhecida mania de enxergar apenas a "ponta do iceberg". O TPM ensina a tratar as causas em vez das consequências. As técnicas de Por que e Análise P-M, e outras já conhecidas, mas pouco aplicadas, como FMEA (Análise de Modo e Efeito de Falhas), análise de valor e as Sete Ferramentas da Qualidade (MASP, PDCA), são exemplos disto. A tentativa de se implantar uma equipe responsável em fazer análises mais aprofundadas dos problemas crônicos dos equipamentos, normalmente vai ao fracasso, á medida que técnicos e engenheiros alocados para esta atividade, são facilmente remanejados para resolverem problemas do dia-a-dia, em casos de férias de outros colegas e incompatibilidade entre os problemas da rotina e a equipe responsável para solucioná-los.

- **Equipamento:** as condições do equipamento não facilitam a prática da Manutenção Autônoma, muitas vezes a empresa imagina que uma vez decidida pela implantação do TPM já é possível a prática plena da Manutenção Autônoma. Ora, delegar responsabilidade para cuidar do equipamento para o Operador, quando o equipamento tem uma confiabilidade baixa, desconhecida e/ou instável, é uma atitude até certo ponto covarde. Por isto que é condenável se implantar a Manutenção Autônoma sem fazer parte de um projeto maior, que é o proposto pelo TPM.

- **Resultados:** os resultados têm que acontecer em curto prazo, não há mágicas para a implantação do TPM. Um trabalho bem feito na gestão de equipamentos e processo só pode ser mensurado com responsabilidade depois de, no mínimo, um ano. A implementação do TPM em forma de "workshop" (uma semana para implementar a manutenção autônoma em cada equipamento), quando não contextualizado em um plano maior, observando-se às limitações da Manutenção, poderá frustrar, posteriormente, ambas as equipes, Manutenção e Produção. Sendo assim as metas devem ser tangíveis de forma tranquila e serena, pelo menos no início da implantação.

- **Saturação:** Ocorrem saturação de programas estratégicos, a empresa deve repensar a implementação de programas estratégicos para evitar congestionamentos, principalmente de algumas pessoas que sempre são convidadas para fazer parte dos respectivos comitês. A redução dos programas e a priorização (definida pelo prazo) trazem como resultado uma maior concentração de esforços e a melhoria contínua. O TPM já engloba várias ações relacionadas a outros programas.

- **Manutenção:** o papel da Manutenção se limita a manter a confiabilidade, este seria o papel original da Manutenção. Porém, no sentido de necessitar ser uma área também competitiva, a Manutenção deve fazer um grande esforço para aumentar a confiabilidade dos equipamentos atuais através de modificações de projeto; aumentar a confiabilidade de equipamentos futuros através de melhores especificações junto aos fabricantes e aumentar a confiabilidade do processo através de uma política de manutenção focada no processo.

- **Desempenho:** o desempenho da Manutenção é medido apenas pelos custos e não pela disponibilidade, normalmente as empresas solicitam aos departamentos orçarem seus custos para o ano seguinte sempre menores que do ano em curso. Para a Manutenção, isto provoca um problema muito grande, pois para atingir esta meta são cortados os recursos que poderiam aumentar a disponibilidade do equipamento, tais como: manutenção preditiva; capacitação de manutentores; contratação de empresas especializadas para atacar problemas crônicos e restaurar as condições do equipamento, etc.

- **Sobrecarga:** há um sentimento de sobrecarga para os operadores, a primeira sensação da equipe de Produção é imaginar que o TPM é mais uma forma de reduzir custos através da redução da equipe de manutenção, o que só seria possível se algumas atividades daquela área passassem para a Produção. Por vezes, até os sindicatos de trabalhadores se opõem à TPM, temendo uma redução de quadro de pessoal e sobrecarga de trabalho. Na realidade, o TPM torna o gerenciamento dos equipamentos mais eficiente, possibilitando processos produtivos mais estáveis em função de uma maior confiabilidade dos equipamentos.

- **Política:** não há uma política definida de Manutenção, utiliza-se a política de gestão geral da organização como base para realização e estruturação de todo o processo da manutenção. Quando a manutenção dos equipamentos não é feita com base numa confiabilidade desejada e necessária a implantação do TPM fica complicada.

- **Treinamentos:** o plano de treinamento em TPM envolve somente os operadores, excluindo a Manutenção, esta é uma falha que ocorre em função de se reduzir o TPM a algumas atividades de Manutenção Autônoma, sem levar em consideração possíveis deficiências da própria equipe de Manutenção, onde na maioria das vezes, as pessoas-chave de cada setor não são selecionadas para participar do projeto, pois o apadrinhamento dificulta a serenidade da escolha dos profissionais que melhor poderiam desempenhar a estratégia.

- **Legislação:** este é o maior adversário do programa TPM. A estratégia pode ser totalmente bem elaborada e bem implementada, porém existe no cenário nacional uma pequena condição que dificulta levar em frente a sistemática por divergência de opiniões legais quanto a legislação brasileira. Por mais que uma organização elabora suas matrizes de competência para cada cargo e função, o operador de produção que é direcionado a realizar quaisquer umas das atividades e ou tarefas que têm ênfase na formação técnica, estará sendo submetido a um desvio de função, o qual sua especialidade não condiz com a atividade a ser realizada. Esta prática de desvio de função leva a organização a responder diante da esfera judicial por ações trabalhistas que raramente a empresa se sobressai como beneficiária nas causas as quais o operador justifica diante do órgão responsável por julgar o caso. Sendo assim a imagem da organização diante da sociedade e da justiça do trabalho se deteriora, sem falar nos altos valores financeiros que serão desprendidos em prol de uma ação movida por justificativa de desvio de função pela implantação da ferramenta estratégica.

4.5- Ciclo PDCA

Em todos os segmentos da nossa sociedade, a sobrevivência das organizações está condicionada a sua capacidade de produzir resultados que atendam as necessidades das partes interessadas, destacando aqui, as dos seus clientes de uma maneira superior aos seus concorrentes. Gerar estes resultados significa atingir metas cada vez mais desafiadoras em função do ambiente competitivo no qual estamos situados. Uma das metodologias utilizadas nas organizações para o atendimento a essas metas é o PDCA.

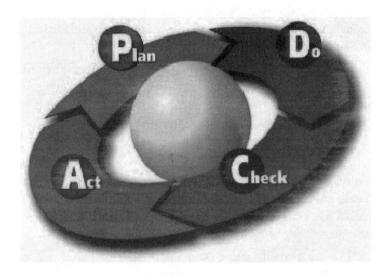

De acordo com Pessoa (2007), o ciclo PDCA é uma sequência de atividades que são percorridas de forma cíclica para melhorar os resultados e/ou atingir as metas estabelecidas.

De acordo com Campos (2004), o PDCA de melhoria é utilizado para a solução de problemas e atingir metas de forma contínua. Este método é composto por oito etapas: identificação do problema, observação do problema, análise do processo, plano de ação, ação, verificação, padronização e conclusão. Para auxiliar o método são utilizadas ferramentas de acordo com a complexidade do problema que varia de ferramentas básicas até avançadas.

Também conhecido como *"Ciclo de Shewhart"* ou *"Ciclo de Deming"*, o PDCA é uma das primeiras ferramentas de gestão da qualidade (ou ferramentas gerenciais) e permite o controle do processo.

Foi introduzido no Japão após a guerra, idealizado por Shewhart, na década de 20, e divulgado por Deming, em 1950, quem efetivamente o aplicou. O ciclo de Deming tem por princípio tornar mais claros e ágeis os processos envolvidos na execução da gestão, por exemplo, na gestão da qualidade, dividindo-a em quatro principais passos.

O PDCA é um método amplamente aplicado para o controle eficaz e confiável das atividades de uma organização, principalmente àquelas relacionadas às melhorias, possibilitando a padronização nas informações do controle de qualidade e a menor probabilidade de erros nas análises ao tornar as informações mais entendíveis. O PDCA constitui-se das seguintes etapas:

"PLAN" – O primeiro passo para a aplicação do PDCA é o estabelecimento de um plano, ou um planejamento que deverá ser estabelecido com base nas diretrizes ou políticas da empresa e onde devem ser consideradas três fases importantes: a primeira fase é o estabelecimento dos objetivos, a segunda, é o estabelecimento do caminho para que o objetivo seja atingido e, a terceira é a definição do método que deve ser utilizado para consegui--los. A boa elaboração do plano evita falhas e perdas de tempo desnecessárias nas próximas fases do ciclo;

"DO" – O segundo passo do PDCA é a execução do plano que consiste no treinamento dos envolvidos no método a ser empregado, a execução propriamente dita e a coleta de dados para posterior análise. É importante que o plano seja rigorosamente seguido;

"CHECK" – O terceiro passo do PDCA é a análise ou verificação dos resultados alcançados e dados coletados. Ela pode ocorrer concomitantemente com a realização do plano quando se verifica se o trabalho está sendo feito da forma devida, ou após a execução quando são feitas análises estatísticas dos dados e verificação dos itens de controle. Nesta fase podem ser detectados erros ou falhas;

"ACT" ou "ACTION" – a última fase do PDCA é a realização das ações corretivas, ou seja, a correção das falhas encontradas no passo anterior. Depois de realizada a investigação das causas das falhas ou desvios no processo, deve-se repetir ou aplicar o ciclo PDCA para corrigir as falhas (através do mesmo modelo, planejar as ações, fazer, checar e corrigir) de forma a melhorar cada vez mais o sistema e o método de trabalho.

Os 14 princípios de Deming

Os denominados "14 princípios", estabelecidos por Deming, constituem o fundamento dos ensinamentos ministrados aos altos executivos no Japão, em 1950 e nos anos subsequentes. Esses princípios constituem a essência de sua filosofia e aplicam-se tanto a organizações pequenas como grandes, tanto na indústria de transformação como na de serviços. Do mesmo modo, aplicam-se a qualquer unidade ou divisão de uma empresa.

São os seguintes:

1º princípio: Estabeleça constância de propósitos para a melhoria do produto e do serviço, objetivando tornar-se competitivo e manter-se em atividade, bem como criar emprego;

2º princípio: Adote a nova filosofia. Estamos numa nova era econômica. A administração ocidental deve acordar para o desafio, conscientizar-se de suas responsabilidades e assumir a liderança no processo de transformação;

3º princípio: Deixe de depender da inspeção para atingir a qualidade. Elimine a necessidade de inspeção em massa, introduzindo a qualidade no produto desde seu primeiro estágio;

4º princípio: Cesse a prática de aprovar orçamentos com base no preço. Ao invés disto, minimize o custo total. Desenvolva um único fornecedor para cada item, num relacionamento de longo prazo fundamentado na lealdade e na confiança;

5º princípio: Melhore constantemente o sistema de produção e de prestação de serviços, de modo a melhorar a qualidade e a produtividade e, consequentemente, reduzir de forma sistemática os custos;

6º princípio: Institua treinamento no local de trabalho;

7º princípio: Institua liderança. O objetivo da chefia deve ser o de ajudar as pessoas e as máquinas e dispositivos a executarem um trabalho melhor. A chefia administrativa está necessitando de uma revisão geral, tanto quanto a chefia dos trabalhadores de produção;

8º princípio: Elimine o medo, de tal forma que todos trabalhem de modo eficaz para a empresa;

9º princípio: Elimine as barreiras entre os departamentos. As pessoas engajadas em pesquisas, projetos, vendas e produção devem trabalhar em equipe, de modo a preverem problemas de produção e de utilização do produto ou serviço;

10º princípio: Elimine lemas, exortações e metas para a mão-de-obra que exijam nível zero de falhas e estabeleçam novos níveis de produtividade. Tais exortações apenas geram inimizades, visto que o grosso das causas da baixa qualidade e da baixa produtividade encontram-se no sistema, estando, portanto, fora do alcance dos trabalhadores;

11º princípio: Elimine padrões de trabalho (quotas) na linha de produção. Substitua-os pela liderança; elimine o processo de administração por objetivos. Elimine o processo de administração por cifras, por objetivos numéricos. Substitua-os pela administração por processos através do exemplo de líderes;

12º princípio: Remova as barreiras que privam o operário horista de seu direito de orgulhar-se de seu desempenho. A responsabilidade dos chefes deve ser mudada de números absolutos para a qualidade; remova as barreiras que privam as pessoas da administração e da engenharia de seu direito de orgulharem-se de seu desempenho. Isto significa a abolição da avaliação anual de desempenho ou de mérito, bem como da administração por objetivos.

13º princípio: Institua um forte programa de educação e autoaprimoramento.

14º princípio: Engaje todos da empresa no processo de realizar a transformação. A transformação é da competência de todo mundo.

O PDCA é aplicado principalmente nas normas de sistemas de gestão e deve ser utilizado (pelo menos na teoria) em qualquer empresa de forma a garantir o sucesso nos negócios, independentemente da área ou departamento (vendas, compras, engenharia, etc.)

Ressalva

A não execução de uma das etapas do ciclo pode comprometer seriamente o processo, por este motivo, a ferramenta deve ser encarada como um processo contínuo em busca da qualidade máxima requerida por um procedimento ou produto.

Observa-se com frequência, mesmo em países do primeiro mundo, que grandes organizações têm girado de forma equivocada o ciclo PDCA.

O maior erro tem sido fazer o giro da estratégia apenas em cima do "DO", ou seja, cada vez mais tem se preocupado em executar melhor o reparo, tornando-o mais eficiente. Porém, é preciso buscar soluções definitivas e não conviver com os problemas repetitivos, ou seja, deve-se buscar sempre evitar a falha e não corrigi-la cada vez melhor.

Durante o *"PLAN"*, observa-se as seguintes falhas crônicas:

- Não estabelecer de forma clara os objetivos ou metas sobre os itens de controle.

- Não definir de forma clara o caminho para atingir os objetivos e metas.

- Não definir de forma clara quais os métodos e procedimentos a serem usados para atingir os objetivos e metas.

- Não definir de forma transparente aos colaboradores a missão e a visão da organização.

- Não definir de forma clara se o objetivo é manter ou melhorar um produto ou processo.

- Facilmente se confunde planejamento com programação.

Durante o *"DO"*, observa-se as seguintes falhas crônicas:

- Realizar de forma inadequada o treinamento dos colaboradores nos procedimentos definidos.

- Execução das atividades de forma incorreta devido à falta de especialização dos profissionais.

- Coleta dos dados para verificação do processo de forma inadequada e com qualidade inferior ao desejado.

- Não cumprimento dos procedimentos de execução das atividades.

Durante o *"CHECk"*, observa-se as seguintes falhas crônicas:
- Não verificar se os trabalhos estão sendo realizados conforme os padrões estabelecidos.
- Não verificar se os valores medidos estão variando ou estabilizados.
- Não comparar os valores encontrados com o padrão estabelecido.
- Não verificar se os itens de controle correspondem com os valores dos objetos.
- Não emitir relatórios frequentes dos resultados obtidos.

Durante o *"ACTION"*, observa-se as seguintes falhas crônicas:
- Não tomar ações corretas para corrigir os desvios encontrados.
- Não realizar análise de falhas para detectar as causas raízes das falhas detectadas.
- Não alterar os procedimentos ou sistemas de acordo com as necessidades do processo.

É necessário lembrar que:
- A melhoria contínua ocorre quanto mais vezes for executado o Ciclo PDCA, e otimiza a execução dos processos, possibilita a redução de custos e o aumento da produtividade.
- A aplicação do Ciclo PDCA a todas as fases do projeto leva ao aperfeiçoamento e ajustamento do caminho que o empreendimento deve seguir;
- As melhorias também podem ser aplicadas aos processos considerados satisfatórios;
- As melhorias gradativas e contínuas agregam valor ao projeto e asseguram a satisfação dos clientes.

É importante lembrar que como o **Ciclo PDCA** é verdadeiramente um ciclo, e por isso deve "girar" constantemente. Ele não tem um fim obrigatório definido. Com as ações corretivas ao final do primeiro ciclo é possível (e desejável) que seja criado um novo planejamento para a melhoria de determinado procedimento, iniciando assim todo o processo do Ciclo PDCA novamente. Este novo ciclo, a partir do anterior, é fundamental para o sucesso da utilização desta ferramenta.

4.6- Análise de Falhas

Análise de falhas define-se no ato de investigar de forma técnica e minuciosa uma determinada ocorrência, com o intuito de identificar o motivo principal que levou um ativo, equipamento, componente ou elemento a falhar, deixando de desempenhar suas funções.

Definir a origem de uma falha ocorrida em algum componente é um processo que exige rígido critério técnico e organização, além de uma interação eficaz entre os envolvidos na operação do equipamento.

É por meio dessa técnica, denominada Análise de Falha Aplicada (AFA), que pode-se afirmar com precisão o que causou determinado problema no componente da máquina e quais as medidas corretivas a serem adotadas para solucionar a questão.

A análise de falhas resulta em aumento de produtividade, que identificará a causa-raiz do problema e poderá corrigi-la ou encaminhar para aperfeiçoamento do projeto por parte do fabricante, caso seja identificado um defeito de fabricação.

Uma análise de falhas eficiente necessita de uma perfeita comunicação entre as partes envolvidas no processo, e que estes possuam conhecimento técnico, experiência com os componentes e sistemas envolvidos com a falha, além de noção da técnica e metodologias da análise.

Para que esse mecanismo funcione de forma adequada, os responsáveis pela investigação das falhas, engenheiros, técnicos, mantenedores e operadores, devem participar periodicamente de treinamento intensivo, onde aprendem e desenvolvem toda a tecnologia e conceito da análise de falhas.

Gerenciamento das Análises

A análise de falhas começa na desmontagem do componente com defeito, quando os analistas técnicos e engenheiros responsáveis pelo serviço numeram as peças e tomam cuidado para não perder nenhuma impressão importante.

O processo é composto por oito passos, que devem ser seguidos à risca para que se obtenha um resultado preciso.

1) A primeira etapa é a definição do problema conforme descrito pelo usuário, além de citação dos componentes envolvidos e o objetivo da análise.

2) A fase seguinte é dedicada à coleta de informações, quando os responsáveis pela execução do serviço consultam literatura do gênero, histórico dos componentes e análise de fluidos da máquina.

   A partir das informações obtidas na pesquisa teórica, os analistas descrevem todos os indícios encontrados no componente envolvido, como cor, dimensões e características percebidas nas superfícies das peças.

3) O passo seguinte é definir o que significa cada um dos sinais apurados, incluindo os tipos de fratura e desgaste.

4) A quarta fase é o momento em que os fatos são transformados em eventos por meio de um estudo detalhado.

5) Cada característica detectada no componente é colocada em uma linha do tempo (em ordem cronológica), relacionando o primeiro evento à primeira condição anormal do componente.

6) Causa-Raiz – Somente a partir da quinta fase é possível identificar a causa raiz mais provável da falha. Com a indicação da primeira condição anormal, detectada na linha do tempo, o analista técnico faz três perguntas que conduzem à causa do problema: o que ocorreu, como e quem é o responsável.

7) A partir deste momento, o cliente é comunicado dos resultados obtidos e, em seguida, é feito o efetivo reparo do componente.

8) A última fase é dedicada ao acompanhamento do desempenho da máquina.

Quando o processo é concluído, são propostas ações preventivas para evitar que o fato se repita.

Normalmente, os usuários são orientados a promover treinamento dos operadores, formularem programas de manutenção ou reestruturação dos já existentes e dar esclarecimentos sobre o uso correto do equipamento.

Ressalva

Como pode ser observado, os passos de realização das Análises de falhas são simples e objetivos. Entretanto a ferramenta geralmente perde credibilidade dentro das organizações por ser utilizada de forma incorreta, o que gera uma repetitividade das falhas, interrompendo a continuidade operacional prejudicando assim todo o desenvolvimento da cadeia produtiva.

Segue abaixo os erros mais comuns em cada uma das etapas da Análise de Falhas:

1) **Não definir claramente o problema** - É comum nas análises não conter claramente a reclamação do cliente, os componentes ou elementos envolvidos, bem como não ser realizada uma descrição detalhada do real objetivo da análise. Isso ocorre devido à inexperiência dos responsáveis pelo desenvolvimento da análise, onde cada informação do cliente, por mais insignificante que possa parecer, deve ser levada em consideração antes e durante a análise, uma vez que o relato sempre deve ser realizado por quem viveu o problema, e somente estes envolvidos são capazes de descrever a ocorrência de forma clara e objetiva.

2) **Não se organizar corretamente para as coletas de dados e fatos** - Os levantamentos das informações devem partir dos relatos dos envolvidos no problema, de forma que a veracidade dos fatos e dados deve ser obrigatoriamente legítima. É comum ocorrerem sonegações de informação, por algum receio de externar a verdade. Raramente o comitê de investigação tem em sua posse os vestígios físicos dos componentes e ou elementos que sofreram alguma avaria para serem avaliados e analisados. A falta de verificação sobre o histórico das ocorrências anteriores dos ativos e de seu funcionamento no ato da falha, descaracteriza uma eficiente coleta de fatos e dados.

3) **Análise técnica dos registros, fatos e dados** - Como todo componente ou elemento deixa uma marca, uma identidade, é possível definir alguns parâmetros através destas análises visuais. Infelizmente estes fatos raramente ocorrem, e as investigações seguem apenas alguns parâmetros teóricos, não sendo possível obter mais informações técnicas para a definição da causa raiz. A falta de relato de todos os fatos que poderiam ser avaliados através de imagem, fotos ou até mesmo o próprio componente danificado, dificulta a definição para se justificar o que realmente ocorreu. Embora os casos em que se têm todas as

informações necessárias, falta profissional que conheça estes vestígios para realizar a análise das marcas deixadas pelo componente. Sendo assim, a equipe de investigação raramente é composta por uma gama significativa de profissionais que sabem o que fazer, quando fazer, porque fazer e como fazer.

4) **Pensamento lógico com fatos e dados** - Este seria o momento de transformar os fatos e dados em eventos e posicioná-los em uma linha de tempo. É nesta hora que a maioria dos comitês destinados a realizarem as análises de falhas já não sabe mais o que fazer. O fato da falta de experiências deixa os envolvidos sem ação nesta etapa, onde a ordem cronológica dos acontecimentos deve ser a mais fiel possível para que não se desvirtue a sequência da definição dos fatos para que se possa chegar na causa raiz.

5) **Estratégia para identificar a causa raiz mais provável da falha** - Esta é a fase mais crítica onde se originam os erros das análises de falhas, pois é nesta hora em que a investigação necessita de um parecer bem técnico para avaliar cada marca, cada vestígio deixado pelo componente ou elemento. Infelizmente, ocorrem inúmeros erros de interpretação durante as análises investigativas. Tais erros se destinam em virtude das interpretações errôneas, interpretações estas que nem sempre são realizadas por profissionais qualificados, ou pelo auxílio dos colaboradores que vivenciaram a ocorrência de falha, isto causa uma distorção na causa raiz direcionando as tratativas para a execução das atividades que não irão eliminar tais causas nem solucionar os problemas.

6) **Definição equivocada da causa raiz** - A maioria das tratativas destinadas e determinadas nas análises de falhas não eliminam tais nem solucionam os problemas. Isso acontece devido à definição incorreta da causa raiz. É muito comum encontrar casos em que as organizações ou os comitês direcionem as investigações ou análises para a procura de um culpado, seja ele um colaborador, uma equipe, um setor ou um fornecedor. Porém a ferramenta ou a estratégia é destinada a encontrar a causa técnica quer seja ela profissional ou comportamental. Quando se decide ou se direciona a investigação para encontrar o culpado pela

falha, ocorrem as sonegações das informações, o que inibe as análises a detectarem a causa real por falta de argumentos ou vestígios técnicos, os quais foram escondidos ou omitidos durante as perguntas e ou coleta de fatos e dados.

7) **Comunicação dos resultados e correção imediata dos componentes ou equipamentos** - Outra falha muito comum que se destaca nas organizações se trata da falta de comunicação adequada. Raramente todos os responsáveis são comunicados dos resultados obtidos nas análises com suas respectivas tratativas. Por diversas vezes foi possível constatar que algum profissional foi indicado como responsável por realizar a tratativa e apresentar as evidências da correção sem ao menos ter sido comunicado de que ele deverá realizar tal atividade. A falta de comunicação é tamanha que somente se dão conta de que tal responsável não foi envolvido, quando se necessita da apresentação da evidência da realização. Isso faz com que a tratativa não seja realizada e a análise de falha não possa ser concluída nem finalizada. Quando ocorre de detectarem a causa raiz de forma correta, nem sempre as tratativas são eficazes, pois para que se determine a tratativa correta, também deve se conhecer bem os ativos, as diretrizes da organização e as estratégias adotadas no dia a dia, pois sempre é necessário determinar prazo e custos. Prazos incorretos ou custos desconhecidos podem inviabilizar a conclusão de uma análise de falha. A falta de conhecimento e ou experiência técnica levam os envolvidos a cometerem estes erros com muita frequência.

8) **Follow-up, ou seja, o acompanhamento, controle e conclusão das análises de falhas** - Somente se sabe se as tratativas foram eficazes, quando se faz o acompanhamento, o controle e as verificações das realizações das respectivas tratativas destinadas nas análises das falhas. Raramente nas organizações, se encontra algum setor ou comitê destinado a controlar as análises das falhas, bem como suas ações, tratativas e evidências de tais. As faltas de cobranças e controles fazem com que a ferramenta ou estratégia caia em descrédito pelos próprios colaboradores e elaboradores. Observa-se com frequência que as evidências ou informações somente são anexadas ao processo das

análises das falhas de forma corriqueira, quando se aproximam de alguma auditoria interna ou externa, com o intuito de garantirem uma certificação ou homologação.

As faltas de critérios e procedimentos para caracterizarem as necessidades das elaborações das análises de falhas nas organizações dificultam a efetividade da ferramenta. A ineficiência da ferramenta ou estratégia pode ser visualizada mediante um levantamento da repetitividade da falha dentro do sistema. Esta repetitividade caracteriza automaticamente que as tratativas destinadas nas últimas análises ou não foram realizadas, ou não foram bem definidas, de forma que a causa raiz continua sem ser encontrada, deixando o ativo ou equipamento susceptível às novas falhas ou à repetitivas falhas.

4.7- BSC

Balanced Scorecard é uma metodologia de medição e gestão de desempenho desenvolvida pelos professores da Harvard Business School Robert Kaplan e David Norton, em 1992.

O BSC (Balanced Scorecard) foi apresentado inicialmente como um modelo de avaliação e performance empresarial, porém, a aplicação em empresas proporcionou seu desenvolvimento para uma metodologia de gestão estratégica.

Os requisitos para definição desses indicadores tratam dos processos de um modelo da administração de serviços e busca da maximização dos resultados baseados em quatro perspectivas que refletem a visão e estratégia empresarial:

- financeira;
- clientes;
- processos internos;
- aprendizado e crescimento.

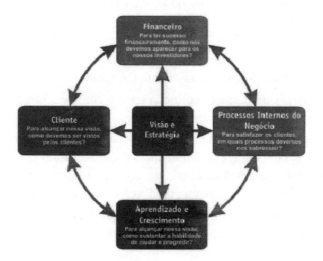

É um projeto lógico de um sistema de gestão genérica para organizações, onde o administrador de empresas deve definir e implementar (através de um Sistema de informação de gestão, por exemplo) variáveis de controle, metas e interpretações para que a organização apresente desempenho positivo e crescimento ao longo do tempo.

BSC (Balanced Scorecard) é uma sigla que pode ser traduzida para Indicadores Balanceados de Desempenho, ou ainda para Campos (1998), Cenário Balanceado. O termo "Indicadores Balanceados" se dá ao fato da escolha dos indicadores de uma organização não se restringirem unicamente no foco econômico-financeiro, as organizações também se utilizam de indicadores focados em ativos intangíveis como: desempenho de mercado junto a clientes, desempenho dos processos internos e pessoas, inovação e tecnologia. Isto porque o somatório destes fatores alavancará o desempenho desejado pelas organizações, consequentemente criando valor futuro.

Segundo Kaplan e Norton (1997, p. 25), o Balanced Scorecard reflete o equilíbrio entre objetivos de curto e longo prazo, entre medidas financeiras e não financeiras, entre indicadores de tendências e ocorrências e, ainda, entre as perspectivas interna e externa de desempenho. Este conjunto abrangente de medidas serve de base para o sistema de medição e gestão estratégica por meio do qual o desempenho organizacional é mensurado de maneira equilibrada sob as quatro perspectivas. Dessa forma contribui para que as empresas acompanhem o desempenho financeiro, monitorando, ao mesmo tempo, o progresso na construção de capacidades e na aquisição dos ativos intangíveis necessários para o crescimento futuro.

O seu surgimento está relacionado com as limitações dos sistemas tradicionais de avaliação de desempenho, o que não deixa de ser um dos problemas do planejamento estratégico, uma importante ferramenta de gestão estratégica.

O BSC motiva melhorias não incrementais em áreas críticas, tais como desenvolvimento de produtos, processos, clientes e mercados.

O BSC não apenas como um instrumento de medida do desempenho organizacional, mas também como ferramenta de gestão, sendo também utilizado para estabelecer metas individuais e de equipes, remuneração, alocação de recursos, planejamento, orçamento, feedback e aprendizagem estratégica.

O BSC também é classificado como um sistema de suporte à decisão, pois pretende reunir os elementos-chave para poder acompanhar o cumprimento da estratégia. Esta definição recebe críticas, pois ela abrange mais do que a tomada de decisão, focando também a comunicação da estratégia e o feedback de seu cumprimento.

O BSC é um sistema que materializa a visão e o crescimento. Tais medidas devem ser interligadas para comunicar um pequeno número de temas estratégicos amplos, como o crescimento da empresa, a redução de riscos ou o aumento de produtividade.

O BSC não é um fim em si mesmo, mas uma ferramenta de gestão sob a qual orbita um novo modelo organizacional chamado de Organização Orientada para a Estratégia. Nessas organizações, o BSC é utilizado para alinhar as unidades de negócio, as unidades de serviço compartilhado, as equipes e os indivíduos em torno das metas organizacionais gerais, ou seja, alinhá-los à estratégia da empresa.

O principal objetivo do BSC é o alinhamento do planejamento estratégico com as ações operacionais da empresa. Esse objetivo é alcançado pelas seguintes ações:

- Esclarecer e traduzir a visão e a estratégia.

- Comunicar e associar objetivos e medidas estratégicas.

- Planejar, estabelecer metas e alinhar iniciativas estratégicas.

- Melhorar o feedback e o aprendizado estratégico.

O BSC apresenta uma ordenação de conceitos e ideias preexistentes de uma forma lógica, objetiva e inteligente. Sua correta aplicação implica uma série de benefícios.

Ressalva

O BSC é uma das estratégias que mais apresentam falhas nas organizações, devido sua complexidade de entendimento e implantação.

Segue abaixo as falhas mais comuns durante a implantação da sistemática na maioria das empresas de médio e grande porte.

1) **Falta de comprometimento da alta administração ou dos executivos:**

    Alguns motivos justificam a falta de comprometimento. O primeiro seria a alta administração possuir outras prioridades, que entram em conflito com o BSC. O segundo seria que o BSC inicia em um nível organizacional inferior, e, depois, não é aceito pelos níveis superiores. Também ocorre a situação inversa: a alta administração delega a atividade, mas sem o poder necessário para viabilizá-la.

    Outro fato claro se trata da condição da empresa, pois quanto pior estiver sua situação, mais as informações serão sonegadas.

    A alta administração deve ser convencida da importância do BSC. Caso contrário, o futuro da estratégia estará automaticamente comprometido.

2) **Ser uma ação isolada da alta administração:**

    Quando as organizações enxergam a ferramenta como fonte de poder e prestígio, passa-se a desenvolver a estratégia de forma centralizadora e tradicional.

    Este problema pode ser resolvido quando a alta direção perceber que, se o processo fracassar, ela terá fracassado. Manter o processo no topo será danoso a ela mesma. Trata-se, antes de tudo, de mudar a cultura organizacional. A diretoria deve perceber que, dessa forma, o BSC não vai funcionar, pois ele é de todos. Portanto, melhor não levar adiante o projeto.

3) **Não dividir papéis e responsabilidades:**

O principal motivo encontrado é não haver uma equipe designada para a implantação do BSC. Isto poderia ser contornado por meio de uma distribuição formal de funções e responsabilidades, destacando as necessidades do projeto e atribuindo objetivos gradualmente ao pessoal qualificado. Outra causa foi relacionada ao baixo envolvimento gerencial em relação ao projeto, o que está fortemente associado à necessidade de utilização de suporte técnico, por exemplo, uma gestão de projeto.

4) **BSC como evento único e não como processo contínuo:**

Na maioria das vezes, as empresas não apresentam uma política de melhoria contínua e enfatiza apenas o sistema de medida de performance do BSC devido a pressões para que se termine o projeto. Comunicação e informação durante o projeto de implementação poderiam minimizar tal situação.

5) **Discussões não claras e infrequentes:**

Um dos principais motivos das discussões não muito claras e infrequentes é o fato inquestionável da informação representar poder, muitas vezes utilizado por pessoas que acabam prejudicando a empresa em busca de proveito pessoal dentro do contexto do jogo organizacional.

Outra razão apresentada pela literatura é que a empresa teme pelo mau uso das informações, evitando divulgá-las. Assim, pode acontecer dos melhores indicadores não serem incluídos no BSC, com medo de vazamento de informações. Quando uma empresa decide elaborar o BSC, já possui uma cultura propícia à disseminação de informações. Se as informações não circulam, o BSC se tornará incompleto, estimulando seu desuso. Sem o uso, as informações vão continuar chegando devagar, mantendo o BSC incompleto alimentando um círculo vicioso.

6) **As perspectivas não balanceadas?**

As atitudes para suavizar esta situação se concentram em parte na comunicação, envolvimento da alta administração, informação gerencial e parte na experiência da empresa em manter, equilibrar e coordenar as quatro perspectivas do BSC de acordo com a estratégia da empresa. Os indicadores financeiros sempre são priorizados em comparação com outras perspectivas do BSC. O que acontece nestas condições é que não se acompanha a relação de causa e efeito no mapa estratégico.

7) **Uso do BSC apenas para remuneração variável:**

   A remuneração é um problema sério na empresa, pois repercute de forma intensa em vendas, motivação e outras dimensões. Os profissionais incumbidos de definir remuneração procuram sempre melhores critérios para estabelecer a melhor, particularmente com o estabelecimento de metas. Eles veem no BSC uma ferramenta interessante para estabelecer metas, o que acaba deturpando o seu uso. O uso do BSC, exclusivamente com essa finalidade, prejudicaria o nome da técnica para um uso futuro, pois sua verdadeira finalidade é a implementação da estratégia.

8) **Falta de senso de urgência / demora na avaliação:**

   Muitos indicadores definidos pelas organizações são intangíveis, a organização não sabe como mensurá-los adequadamente e demora na busca da forma de fazê-lo. Até nos dias de hoje, sequer há consenso sobre o que é melhor, perder tempo na busca de um indicador perfeito será um dano maior do que ter um indicador razoável. Recomendam que a empresa modifique os indicadores ao longo do tempo, à medida que os mesmos sejam utilizados no dia-a-dia, revelando eventuais deficiências. No que se refere aos ativos intangíveis, à empresa deve estar consciente que está aprendendo junto com a academia e outras empresas, pois todos estão ainda no início do desenvolvimento de métodos para esta finalidade.

9) **Não ter um time focado durante a implementação:**

   Para que um BSC seja bem sucedido, é importante que haja a participação de toda a organização e seus objetivos não podem ser alcançados fazendo as coisas da mesma maneira.

   A mudança organizacional está incluída no BSC e as organizações somente mudam quando empregados partilham a propriedade das metas e dos meios.

10) **Não ter uma visão estratégica comum e definida:**

    A falta de uma estratégia definida ocorre apenas nas pequenas e médias empresas. Nas grandes empresas, a estratégia está definida e, muitas vezes, difundida em toda a organização.

Existe, portanto, um mau uso do planejamento estratégico. Vale ressaltar que as técnicas de planejamento estratégico já são utilizadas há, no mínimo, trinta anos. Portanto, provavelmente a causa do problema não está no desconhecimento dessas técnicas por parte da gerência.

Outra causa provável é a falta de cultura de planejamento. Há uma cultura de imposição de procedimentos e de sigilo. Frequentemente, as empresas mudam mais na forma do que no conteúdo. Esse tipo de problema está se resolvendo ao longo do tempo, à medida que o aumento da competição força as empresas a tratar a questão do planejamento com mais seriedade e efetividade.

11) **Não conseguir traduzir a estratégia:**

Um dos grandes entraves do processo é a falta de reflexão referente ao planejamento estratégico. É importante identificar claramente a cadeia de valor (processos críticos), focalizar e estabelecer claramente os temas que levam aos resultados esperados. Também pode existir falta de integração entre os processos operacionais e os objetivos estratégicos.

12) **Comunicação e treinamento não efetivo nas diversas fases:**

As organizações podem possuir falhas na comunicação interna, causadas pela existência de feudos e disputas de poder. Esses problemas são mais comuns do que possam parecer. Além disso, pode ocorrer falta de instrumentação adequada (jornais, intranet, murais, dentre outros).

Para resolver esse tipo de problema é importante estabelecer uma cultura organizacional que respeite os pares e não tranque informação. Se houver maior confiança, haverá maior comunicação, e, dessa forma, o entendimento comum levará a medidas comuns.

13) **Uso do BSC como um projeto de métrica e não de estratégia:**

A consequência deste erro é que pode levar a resultados inexpressivos. Bons resultados exigem gerenciamento de tempo e ênfase em prioridades bem definidas para que se possa implementar uma estratégia vista de cima para baixo. A equipe encarregada da implementação do BSC é de extrema importância. As pessoas envolvidas na condução do projeto BSC devem compor uma equipe estrategicamente posicionada, multifuncional e integrada, de forma a analisar em detalhes a estratégia e os valores da empresa como um todo.

Deve-se evitar que a equipe seja constituída apenas por um grupo de especialistas em suas funções.

14) **Falta de alinhamento com os sistemas e objetivos existentes:**

Este fato ocorre por medo de uma avaliação constante que o BSC irá trazer. Deve haver um bom conhecimento de diferentes teorias para escolher o que é melhor para a empresa, buscando complementaridade e integração.

Como sugestões para resolver esse problema deve ser feito um esforço para alinhar o BSC aos programas em curso na empresa, minimizando choques ideológicos e culturais. A cultura organizacional deve ser respeitada. É um papel que deve envolver especialistas na área.

15) **Uso de métricas ousadas:**

Ficou constatado que quando se tenta trabalhar com medidas ousadas, ou seja, acima da capacidade operacional da organização, o custo operacional se eleva conduzindo a contradições de intenção e até constrangimento que demonstram inabilidade para executar bem tais medidas.

16) **Usar métricas difíceis de controlar:**

Ocorre quando, medidas aparentemente importantes para a organização se tornam métricas cujo controle é demasiadamente difícil, demorado e caro para realizar.

Recomenda-se que as medidas sejam refeitas periodicamente, buscando a melhoria contínua. Medidas perfeitas jamais são alcançadas, seja devido às dificuldades matemáticas, seja devido às mudanças no ambiente e na empresa. Às vezes, não são propriamente as medidas que são mal planejadas, mas difíceis de controlar.

17) **Escolher métricas incorretas:**

Erros na escolha do conjunto de indicadores é um problema comum. Existem diversos motivos para esse problema. Uma primeira causa é que os controladores da área financeira insistem em colocar mais medidas de sua área em detrimento das outras. Pode-se fazer a analogia para as outras áreas, de onde se esperam comportamentos semelhantes.

Outra causa provém da natureza humana: existe a tendência de colocar em maior evidência o que fazemos bem. Também ocorrem falhas na definição do número de indicadores, tais como: poucos ou em excesso para cada perspectiva. Recomenda-se, inicialmente, não forçar a simplificação.

Os interesses pessoais constituem outro problema. Um superior imediato pode pressionar para colocar algum projeto seu como uma medida do BSC, mesmo que não mereça esta relevância.

18) **Perder os objetivos de vista:**

Ocorre quando se adota objetivos genéricos que não se relacionam com as vocações e propósitos da organização nem com a cadeia de valor, levando ao excesso de medidas com baixa efetividade.

19) **Subutilização do BSC por não ser baseado na estratégia:**

O BSC se destina à implementação de estratégias. Caso ele seja utilizado para outras finalidades, provavelmente a implementação da estratégia será responsabilidade de outro programa. Ambos podem se tornar concorrentes e sinérgicos em partes da organização, provavelmente minimizando o desempenho.

A empresa deve buscar entender os diferentes métodos e observar o papel que cada um possui, de forma que o problema nem surja.

20) **Não quebrar paradigmas:**

Os objetivos de um bom BSC não podem ser alcançados fazendo as coisas da mesma maneira. A mudança organizacional está incluída no BSC e as organizações somente mudam quando empregados partilham a propriedade das metas e dos meios.

Para forçar a quebra dos paradigmas existentes, sugere-se que as perspectivas nas diferentes unidades sejam as mesmas. Isso fará com que todos pensem na empresa como uma unidade, o que normalmente não ocorre na prática.

21) **Implementação ineficiente pela Administração:**

Se as unidades de uma organização não forem semelhantes, não podem utilizar o mesmo BSC.

Outro problema ocorre quando o grupo que controla determinado nível da empresa acredita no modelo e o implanta. Porém, muitas vezes, não se trata de um BSC, mas parte dele, por estar restrito a um segmento da empresa. A utilização incompleta leva, fatalmente, a resultados também incompletos, ou seja, inferiores.

22) **A organização não está voltada para o aprendizado:**

A prática do aprendizado contínuo não existe na maioria das organizações. Mesmo nos países onde a administração é mais avançada, são poucas as empresas com essas características.

A cultura hierárquica precisaria ser modificada, de forma que todos os colaboradores tivessem acesso às informações relevantes e, a partir dessas informações, também obtivessem incentivos para aprender.

23) **Confundir o BSC com a estratégia:**

Quando o BSC mostra que a estratégia está errada, é confundido com ela e, quando chega a nova estratégia, ele é eliminado juntamente com a estratégia antiga.

Esse problema ocorre porque pode não estar clara a diferença entre a estratégia e sua implementação. É um problema de planejamento e comunicação.

24) **Tratar o BSC como projeto de uma única área:**

O BSC é uma forma de executar a estratégia da empresa, não é uma forma de organizar as informações. Ele deve envolver a empresa toda, mas, às vezes, parece que este fato não é percebido.

A confusão ocorre porque os sistemas de apoio e apresentação devem ser baseados nas tecnologias de informação, com diagramas e ilustrações. A área de sistema de informação desempenha um papel fundamental neste processo, o que pode levar a uma situação na qual se sinta dona do projeto. Similarmente, os contadores podem tentar monopolizar o projeto.

25) **Contratação de consultores inexperientes:**

Um consultor inexperiente constitui um problema óbvio que pode ocorrer na implantação de qualquer técnica administrativa. As organizações conhecem esse problema. O que engana é a escolha do consultor adequado para as características da empresa. Em alguns casos, o engano acontece porque o consultor não tem experiência suficiente para a complexidade da empresa em questão. Não se trata de um profissional incompetente, mas alguém cujo alvo deveria ser empresas menores ou mais simples. Finalmente, também consideram que esse problema deve ser relativizado em função do aspecto ainda novo da tecnologia, uma vez que a ferramenta é nova e todos ainda estamos aprendendo sobre tal.

26) Choques com outras ferramentas administrativas:

Nas empresas sempre existem diversas ferramentas administrativas funcionando simultaneamente. Apontaram diversos motivos: em primeiro lugar, há os problemas de ego, pois ninguém gosta de ver algo pelo qual lutou ir para um segundo plano.

Outro forte motivo é a preservação da carreira, pois o executivo pode se sentir ameaçado se acreditar que sua área de competência está se tornando desnecessária para a empresa em função do BSC.

Outro motivo é a disputa pelos recursos que estariam sendo destinados à execução do programa.

Também existe o problema das coalizões de poder. Cada ferramenta administrativa adotada em uma empresa possui os seus defensores.

27) Dificuldade em monitorar as medidas não financeiras:

Muitas das medidas não financeiras envolvem aspectos intangíveis, difíceis de serem avaliados e quantificados. No entanto, este não é um problema diretamente associado ao BSC.

O BSC apenas indica a necessidade de avaliar as diversas perspectivas, independentemente da dificuldade de mensurá-las. O problema principal não é a dificuldade de monitorar as medidas não financeiras, e sim basear-se apenas em medidas financeiras, que são limitadas.

28) Dificuldade em estabelecer simultaneamente objetivos de curto e longo prazo:

A falta de um planejamento estratégico para atingir as metas e objetivos determinados dificulta o entendimento das visões de longo prazo, transformando o BSC em uma forma de planejamento anual, como ocorre com o orçamento.

O objetivo é criar um contínuo que mostre claramente a todos que a empresa não parou de avançar. Assim, a equipe se manterá motivada. Com o passar do tempo, as mudanças bem sucedidas serão incorporadas à cultura organizacional.

29) Dificuldades no acesso e entendimento das informações:

Na maioria das empresas, os sistemas de informação são insuficientes. Em geral, são sistemas exclusivamente financeiros. Além disso, as empresas costumam ter níveis de privilégio em termos de acesso à informação. Esses motivos alijam muitas informações de pessoas que poderiam utilizá-las.

30) Relações de causa e efeito mal estabelecidas:

Isto ocorre porque as relações de causa e efeito são momentâneas, não circulares e lineares, de modo que podem ser construídas apenas com critérios subjetivos, como os mapas de aprendizado (ou mapas cognitivos). Outro motivo é o fato de termos uma cultura de ciclos, proveniente de a prática empresarial estar vinculada ao orçamento e ao exercício fiscal. Não é o que acontece de fato com os indicadores.

Muitas das relações de causa e efeito são bastante dinâmicas e complexas em sua composição de variáveis, o que torna longa a espera pela formação de uma base de dados que possa confirmá-las. Estas acabam sendo modificadas antes que se forme uma base de dados suficiente para a realização de testes estatísticos.

31) Estratégias não associadas à alocação de recursos a longo e curto prazo:

Este problema ocorre quando falta o alinhamento dos programas de ação e da alocação de recursos às prioridades estratégicas de curto e longo prazo. Muitas organizações adotam processos separados para o planejamento estratégico e o orçamento anual, que é de curto prazo. Como consequência, os fundos e as alocações de capital raramente estão relacionados às prioridades estratégicas.

32) Feedback tático, não estratégico:

A maioria dos sistemas gerenciais fornece feedback apenas sobre desempenho operacional de curto prazo e a maior parte deles está relacionada às medidas financeiras, normalmente estabelecendo uma comparação entre os resultados reais e os orçamentos mensais e trimestrais. Pouco ou nenhum tempo é dedicado ao exame dos indicadores da implementação e do sucesso da estratégia.

33) **Falta de liderança para comandar a implantação:**

É o entendimento de que a modelagem e a implantação do BSC são tarefas da gerência média, sem que haja a liderança por parte dos principais executivos da organização. A presença da diretoria junto ao grupo de implantação é um apoio vital no que tange à introdução de um novo procedimento de suporte à tomada de decisão.

34) **Desafios políticos:**

Os desafios políticos surgem quando as pessoas se sentem ameaçadas pela medição.

Em organizações em que existe a cultura da culpa, a medição torna-se quase impossível porque ninguém quer que os dados sejam disponibilizados. Neste caso, as pessoas começam a jogar com os números, preocupando-se em distribuir medidas (ou números) ao invés de distribuir desempenho real.

35) **Falta de infraestrutura da organização:**

Na maioria das empresas, os dados para calcular as medidas de desempenho já existem de uma maneira ou de outra. O problema é que os dados estão espalhados em diferentes bases de dados, em formato inconsistente e não estão relacionados. Muitas organizações não possuem a habilidade de integrar estes diversos conjuntos de dados em uma simples base de dados para que possam ser efetivamente explorados.

Como esta integração requer muito tempo, esforço e recursos, torna-se uma tarefa muito difícil de ser concretizada e, em alguns casos, a organização necessita reformular toda a infraestrutura de seu sistema de informações, em função do projeto do sistema de medição.

36) **Variável independente (não financeira) identificada incorretamente para satisfação futura dos stakeholders:**

Uma medida financeira tem peso muito maior para a organização do que as não financeiras. A dificuldade na identificação de medidas para o BSC é agravada pelo surgimento de requerimentos dos stakeholders não proprietários (empregados, clientes, fornecedores, comunidades e ainda futuras gerações). Muitas organizações estão acrescentando responsabilidade social como requerimento do stakeholder e incluindo em sua lista de objetivos estratégicos, iniciativas ambientais, bem-estar da diversidade e dos empregados.

37) **Dificuldade de se definir boas medidas:**

Enquanto as medidas financeiras receberam mais de um século de desenvolvimento e refinamento, as medidas não financeiras são mais recentes. Não é de se espantar que não existam padrões e que, na prática, as definições apresentem sérias e fatais falhas.

38) **Metas negociadas ao invés de serem baseadas nos requerimentos dos stakeholders:**

O BSC necessita ter metas específicas, baseadas no conhecimento dos meios que serão utilizados para alcançá-las. Para o autor, a maioria das metas do BSC é negociada ao invés de serem baseadas nos requerimentos dos stakeholders. Deste modo, se a meta é muito baixa, haverá uma subestimação do potencial. Se a meta é muito alta, haverá subdesempenho com relação às outras expectativas. É necessário estabelecer um conjunto racional de metas, como meio de prever o que é alcançável.

39) **Falta de abordagem científica:**

O número de empresas que ainda utilizam a tentativa e erro como metodologia oficial de melhoria ainda é muito grande. Isto revela a falta de uma abordagem científica. É essencial que se faça uma análise das principais causas do problema, se estude as melhorias necessárias, se documente as mudanças e que se reflita sobre o processo de melhoria em si.

40) **Envolvimento de poucas pessoas:**

A falta de motivação dos funcionários, que se negam a participar ou participam forçadamente, é apenas uma consequência do pouco envolvimento. Em geral, isso ocorre em empresas nas quais o problema da motivação está muito além do BSC.

Pode ser inevitável que certos cargos, de aspecto secundário ou de apoio, que não são contemplados na estratégia, de fato não tenham um envolvimento ativo na implementação.

Essa situação é vista como característica em setores nos quais uma parte considerável da mão de obra possui baixo nível de escolaridade, como a construção civil.

Portanto, apesar do BSC ser tratado apenas como uma reunião gerencial, a ferramenta vai muito além disso, e se for bem aplicada, pode render ótimos resultados para a organização.

4.8- Planejamento x Programação

Planejamento é um processo contínuo e dinâmico que consiste em um conjunto de ações intencionais, integradas, coordenadas e orientadas para tornar realidade um objetivo futuro, de forma a possibilitar a tomada de decisões antecipadamente. Essas ações devem ser identificadas de modo a permitir que elas sejam executadas de maneira adequada e considerando aspectos como prazo, custos, qualidade, segurança, desempenho e outras condicionantes. Um planejamento bem realizado oferece inúmeras vantagens à equipe de projetos. Tais como:

- Permite controle apropriado;
- Produtos e serviços entregues conforme requisitos exigidos pelo cliente;
- Melhor coordenação das interfaces do projeto;
- Possibilita resolução antecipada de problemas e conflitos; e
- Propicia um grau mais elevado de assertividade nas tomadas de decisão. "Preparar-se para o inevitável, prevenindo o indesejável e controlando o que for controlável" (Peter Drucker).

Programação é a maneira pela qual as informações do planejamento tais como descrição dos serviços, durações, datas e horas de início e término previstos e recursos necessários, ferramentas, procedimentos, percentual de avanço, etc., são passadas para as equipes de execução incluindo todos os interessados tais como supervisores, segurança, operação, inspeção e coordenadores etc., podendo ser diária, semanal ou até mensal dependendo das características da obra.

Ressalva

O planejamento e a programação andam de mãos dadas. Um plano é a teoria ou os detalhes de como um projeto será feito. Ele é usado para criar um roteiro para a realização de um objetivo. A programação, quando ligada a um plano, é a atribuição de horários e datas para as suas etapas específicas.

Ambas as estratégias são essenciais para o desenvolvimento de quaisquer organizações independente do seu tamanho ou ramo de atividade.

Entretanto, as organizações cometem um erro gravíssimo, onde no entendimento incorreto das estratégias, levam seus colaboradores a cometerem o equívoco de deduzirem que planejamento e programação são as mesmas coisas.

Na maioria das organizações, rotula-se como planejamento, o simples ato de agendar as datas para a realização das atividades com a mão de obra adequada para tal. Grande parte dos planejadores sequer consegue elaborar um cronograma detalhado das execuções das atividades.

A maioria dos cronogramas visualizados não passa de grandes listas de atividades que são destinadas aos executantes, sem nenhum vínculo com um planejamento ao qual deveria ser elaborado e devidamente seguido.

O grande erro das organizações não é somente direcionar qualquer colaborador sem nenhum preparo técnico para desenvolver um planejamento. Erra-se muito pelo fato de não possuir uma diretriz clara do que se espera de um planejamento. Este erro faz com que sejam elaboradas apenas algumas programações onde seu conteúdo geralmente é pobre de informações técnicas, e não possuem nenhuma projeção de tratativas para as interferências e ou desvios quando os mesmos são explanados durante a realização do que foi planejado e programado.

Também é comum encontrar planejamentos que não contenham detalhadamente o completo desenvolvimento das atividades com seus recursos técnicos, de abastecimentos, de sequência cronológica de realização, de mão de obra específica para cada modalidade, do tempo de execução, do ferramental necessário, e por fim, e não menos importante, os custos totais da atividade, os quais devem ser controlados e se enquadrarem dentro do orçamento previsto para tal.

Em resumo, o planejamento é vital para evitar problemas na fase de execução. O objetivo central do planejamento é minimizar a necessidade de revisões durante a execução, não somente definir data, horário e mão de obra, o que se caracteriza como parte da programação.

4.9- DTO

O Diagnóstico do Trabalho Operacional é uma ferramenta da Liderança, que tem como objetivo garantir através de uma avaliação, que cada operador tenha habilidade e maturidade para executar de modo correto as atividades necessárias à rotina do dia a dia.

Os procedimentos para execução das tarefas críticas estão descritos na forma de padrões operacionais. Pode-se dizer que padrão "é o melhor modo de se executar uma tarefa até o presente momento"

Para que se tenham resultados estáveis é necessário que os padrões operacionais sejam cumpridos e, portanto, conhecidos.

Atualmente, percebe-se nas organizações uma busca na identificação dos fatores que possam contribuir para a melhoria da prática de gestão de seus processos, propiciando a disseminação dessas atividades repetitivas através das pessoas com conhecimento do processo.

O DTO pode ser implantado em uma organização e funcionar como ferramenta chave de melhoria contínua dos processos produtivos, aumentando a eficiência e consequentemente minimizando perdas e maximizando lucros.

Para que possamos atingir esta melhoria contínua precisamos seguir e realizar a sequência abaixo:

1) Gerência da Rotina. É um processo de gestão que busca prover meios para que as pessoas realizem suas atividades e tarefas de maneira padronizada, mantendo os resultados, ou seja, definir meios para manter resultados. O foco principal consiste na ação de manter os resultados.

2) Identificação dos Processos e Postos de Trabalho. Consiste em discussões sobre as atividades realizadas no negócio e a que grupo pertence, objetivando tornar o mais convergente e associativo cada grupo de atividades, identificados como processo. Assim é hora de calcular a quantidade de mão de obra necessária para realizar as tarefas previstas em cada um dos processos, criando assim os postos de trabalho.

3) Elaboração da Visão Sistêmica. Desenvolvido também em forma de fluxograma que promove a integração de todos os processos produtivos. Este documento permite avaliar a integração de cada processo com seu respectivo cliente e fornecedor.

4) Elaboração dos Procedimentos. Antes de partir para a elaboração dos procedimentos operacionais, torna-se obrigatório e imprescindível analisar, interpretar e por fim, compreender dois importantes conceitos:

Atividade é um conjunto de tarefas que se complementam, com entradas e saídas em busca de um resultado comum e é executado por mais de um posto de trabalho.

Tarefa é o conjunto de passos interligados, executado por apenas um posto de trabalho, que tem por objetivo um determinado resultado em um determinado tempo.

Tendo como orientador a visão sistêmica e de olho nos critérios relacionados à segurança, proteção ao meio ambiente e saúde ocupacional, bem como a produtividade, será realizada a elaboração dos mapas de processos sob a forma de Fluxogramas ou Padrões de Processo e o detalhamento das respectivas tarefas críticas identificadas em cada processo, sob a forma de Padrões de Execução.

5) Capacitação dos Instrutores. Uma das mais importantes atribuições dos Coordenadores e Supervisores é garantir o ensino correto da execução das tarefas previstas nos padrões, para tanto, deve haver uma capacitação dos instrutores, com o intuito de transferir para os operadores, de forma eficaz, conhecimento e habilidades necessárias para o cumprimento das atividades rotineiras.

6) Treinamentos dos Operadores. Também chamado de TLT. O TLT é o treinamento da execução das tarefas, alerta para os aspectos e impactos de segurança, meio-ambiente e saúde ocupacionais envolvidos e situa o trabalho dentro da visão sistêmica do processo e deve ser simples, objetivo e realizado no posto de trabalho.

7) Estruturação e acompanhamento dos indicadores. Depois de garantir a repetibilidade dos processos através do Treinamento dos Operadores e do Diagnóstico do Trabalho Operacional, é hora do Acompanhamento dos Resultados, cujo objetivo maior é garantir a previsibilidade dos processos, e para isto, é necessário passar pela fase da definição dos indicadores que serão monitorados.

8) Tratamento de Anomalias. O conceito de Anomalia para a gestão de processos é tudo que for diferente do usual ou anormal, exigindo ação corretiva, é a ocorrência imprevisível que pode causar desvios nos resultados do processo. O Tratamento de Anomalias na Gestão de Processos é fundamental para se obter a melhoria contínua.

Para se tratar Anomalias de um processo, antes de tudo, se torna necessário ter um Sistema de Tratamento de Anomalias, onde ficarão estabelecidos os "gatilhos" que irão disparar um tratamento.

Após a implantação dos segmentos descritos acima, o DTO poderá iniciar seu ciclo e com o comprometimento de toda equipe e apoio da alta direção da organização, objetivando atingir suas metas e bater seus recordes, garantindo uma repetitividade nas operações e homogeneidade de seus processos atendendo a continuidade operacional e a evolução da cadeia produtiva.

Ressalva

Como toda ferramenta e ou estratégia, quando mal implantada pode sofrer uma decadência técnica ou cultural, ocasionando sua morte prematura em função de alguns erros cometidos pelas organizações mediante sua aceitação.

Algumas destas falhas mais comuns poderão ser observadas nos descritivos abaixo:

1) Falha de Liderança: Um dos erros mais agressivos desta ferramenta é acreditar que a ausência de algumas características cruciais da liderança pode ser substituída por quaisquer outros segmentos. A liderança é peça fundamental no processo, seu comprometimento, dedicação, envolvimento, acessibilidade e entusiasmo com o projeto são pontos indispensáveis que funcionam como combustíveis para motivar e contagiar a equipe. Por mais que tenhamos um líder de chão de fábrica que se empenhe em todos estes quesitos, não é o suficiente. Quando falamos sobre a liderança, ela envolve a alta direção, os líderes diretos e indiretos de todo o processo. Engana-se em pensar que a alta direção não tem papel importante no processo, ela tem que ser tanto o combustível quanto a válvula de escape do programa.

2) Falha Comportamental. Os fatores comportamentais fomentam a estrutura de realização de um projeto. Infelizmente, as organizações não enxergam desta forma e não entendem ou assumem que é a partir

desses fatores que efetivamente se verifica a formação de times, explicitada no ambiente de trabalho, bem como a qualidade do trabalho executado, evidenciada na não necessidade de retrabalhos. Estes fatores, observados, podem e devem ser desenvolvidos continuamente, buscando a ampliação do conhecimento, excelência das relações e consequentemente dos resultados, preferencialmente com a participação ativa do gerente. O gerente deve ser educador, o que vai além do mero determinador de metas e prazos, mas sim que atua na função que orienta e acompanha o desenvolvimento de sua equipe, no sentido de identificar as deficiências de formação e direcionar o respectivo preenchimento dessas lacunas.

3) Falha de Conhecimento. Na divisão dos trabalhos, o conhecimento técnico dos processos juntamente com as habilidades e as atitudes é tão importante para atuar na implantação da gestão de processos quanto conhecer as pessoas que conhecem tecnicamente os processos e selecioná-las para atuar nas determinadas e específicas áreas, isto é, não só selecionar pessoas, mas conhecer o que se vai gerenciar é fundamental para o sucesso da implantação da gestão de processos. Entretanto, o que a realidade nos mostra é uma liderança totalmente despreparada tecnicamente, onde o conhecimento não foi um quesito para sua promoção e ou evolução profissional. Porém, quando a liderança não possui este conhecimento, a definição pela distribuição dos postos de trabalho ou pelo gerenciamento das tarefas fica comprometida. É comum encontrar organizações onde a liderança conhece menos tecnicamente do que os operadores, esta falta de credibilidade da liderança funciona como um vírus para a organização, que vai contaminando pouco a pouco toda e qualquer ferramenta, sistemática ou filosofia a ser desenvolvida.

4) Falha na Identificação dos Processos e Postos de Trabalho. Esta é uma falha crucial em todo o processo de implantação e gestão da estratégia. Mapeá-los em forma de fluxograma, definir tarefas críticas, elaborar padrões de execução, definir indicadores, planejar, programar e realizar treinamentos e diagnósticos, assim como a disponibilidade de gerentes para validar cada uma destas fases, bem como definir "gatilhos" de tratamento de anomalias e negociar metas é fundamental para que um cronograma consolidado entre as pessoas que compõe o time de implantação seja cumprido. A devida importância da liderança na

implantação da ferramenta é refletida exatamente neste fator, quando os técnicos designados para atuar não estão capacitados de acordo com o planejado assim como a gestão nas validações de cada fase, é o reflexo da importância que é dada, é a liderança pelo exemplo. A respectiva falha vem de encontro à incompetência técnica, onde a liderança não conhece os processos, e as informações fundamentais ficam sob decisão dos operadores.

5) Falha na Elaboração dos Procedimentos. Para que se padronizem as tarefas, é necessário criar um padrão de operação o qual deverá ser validado, oficializado e seguido em sua plenitude. Para que isso aconteça deve-se possuir um histórico das melhores práticas internas e com o agrupamento dos melhores resultados, unificá-los e torná-los em uma sequência exequível de forma que todos os colaboradores possam seguir suas orientações e atingirem os mesmos resultados. Entretanto é comum ocorrerem erros durante a elaboração dos procedimentos. A alta liderança espera que os procedimentos sejam definidos e elaborados pelos staffs, que são profissionais técnicos do processo, entretanto, normalmente, nas organizações, quem detém o conhecimento para atingir os melhores resultados, com menor esforço possível e sem correr riscos e agredir o meio ambiente, são os operadores que em sua maioria não são ouvidos nem participam da elaboração dos procedimentos. Quando a liderança tem conhecimento destes fatos, os operadores são solicitados a elaborarem os procedimentos, porém o sistema obriga que mesmo sendo o operador, o elaborador do procedimento, também deverá ser treinado pelo líder e participar de uma banca de avaliação, por mais que ele seja o cérebro do procedimento. Isto causa um desconforto no operador e o deixa com receio do sucesso do sistema.

6) Falha na Avaliação dos Operadores. A avaliação dos operadores desperta interesses significativos dentro da equipe, pois é em função da avaliação que serão determinados os cargos e suas localizações hierárquicas. Os operadores que almejam um posto de trabalho mais elevado (os quais também oferecem efetivamente salários mais altos), se dedicam para se sobressaírem aos demais, para garantirem seu sucesso e crescimento profissional. Entretanto, nem sempre as avaliações são justas e coerentes e nem sempre os mais qualificados são os escolhidos para os postos de trabalhos mais bem remunerados. Os apadrinhamentos ou as amizades fazem com que o sistema seja burlado e

as avaliações sejam manipuladas para favorecerem algum candidato quer seja ele uma indicação ou decisão superior. Infelizmente, ainda nos dias de hoje é comum encontrar práticas desta natureza nas organizações. Quando uma equipe é formada com estes conceitos, raramente os procedimentos serão eficazes e automaticamente os resultados atingidos jamais serão os esperados.

7) Falha no Acompanhamento dos Resultados. O não Acompanhamento de Resultados não nos mostra o desdobramento das metas ou termos de compromisso previamente estabelecidos e que ao olho específico de um determinado processo toma a grandeza de uma variável crítica que poderá influenciar naquela meta maior. Não desdobrando as metas do negócio em questão, não é feito uma árvore de indicadores, assim não se cria uma relação de causas e efeitos entre os indicadores bem como não estabelecer a responsabilidade de cada posto de trabalho. Outro fator negativo seria manter o controle nas mãos de quem lidera. O controle deve ser gerenciado por um setor incomum entre a liderança e a operação com o intuito de extrair as informações e cobrar as efetividades de forma profissional.

8) Falha na definição dos Indicadores. Os indicadores são as fontes de medição dos processos. É através dele que sabemos se estamos atingindo nossas metas e podemos medir a evolução do nosso processo. Porém, a definição dos indicadores incorretos pode acarretar em um controle falho, desta forma não estaremos medindo a realidade dos processos e sim fatos que podem ser insignificantes. Quando não se tem esta visão dos indicadores corretos, as tratativas não são eficazes e os problemas continuarão acontecendo, suas soluções se distanciam cada vez mais da realidade e consequentemente os objetivos são totalmente comprometidos afetando diretamente os resultados sem nenhuma projeção de normalização.

9) Falha dos Fatores Físicos. Fatores físicos são aqueles que decorrem do ambiente, ou seja, condições de iluminação, ventilação, temperatura, umidade, vibração, disposição dos processos, geografia dos ambientes que estão inseridos os processos, recursos de proteção da saúde, da segurança e do meio-ambiente, são sempre de forte impacto na obtenção de resultados favoráveis, e podem de fato comprometer todo um planejamento quando a devida atenção não é atribuída.

10) Falha no Tratamento de Anomalias: O conceito de Anomalia para a gestão de processos é tudo que for diferente do usual ou anormal, exigindo ação corretiva, é a ocorrência imprevisível que pode causar desvios nos resultados do processo. O Tratamento de Anomalias na Gestão de Processos é fundamental para se obter a melhoria contínua. Para se tratar Anomalias de um processo, antes de tudo, se torna necessário ter um Sistema de Tratamento de Anomalias, onde ficarão estabelecidos os "gatilhos" que irão disparar um tratamento. A análise da anomalia deve ser imediata, pois ocorreu uma visível falta de controle no processo. Entretanto, diversos equívocos acontecem nas organizações que levam a esses tratamentos se tornarem ineficazes e até mesmo inexistentes. Nem sempre as anomalias são tratadas de imediato, leva-se um tempo até que se apresente um plano de ação para uma anomalia. Outro fator é o conhecimento técnico que se encontra diretamente atrelado à eficiência da tratativa, como na maioria das vezes a liderança não possui este conhecimento e não envolve os operadores, as tratativas novamente se tornam ineficazes e as falhas voltam a se repetir com certa frequência. Os sistemas desenvolvidos para tratativas das anomalias são banalizados e qualquer informação sem nexo é inserida poluindo assim o sistema e apresentando relatórios sem nenhum conteúdo interessante. Desta forma os resultados atingidos também não são os resultados esperados.

Quando a ferramenta é bem implantada, os resultados são excelentes. Pode-se estabelecer uma projeção de crescimento dos colaboradores onde sua matriz de competência apresenta os padrões aos quais cada cargo deverá possuir conhecimento e um bom índice de aprovações nas avaliações, para que o candidato ou operador possa pleitear uma promoção ou premiação por desempenho.

Os próprios operadores já terão consciência de que somente pleitearão quaisquer benefícios quando estiverem devidamente capazes de exercer as funções destinadas a cada cargo em específico.

4.10- Excelência Operacional

A frase "Excelência Operacional" é frequentemente ouvida em empresas de hoje, mas é raro vê-la na prática. Então, o que é Excelência Operacional? Em termos simplificados, é uma filosofia que reúne uma diversidade de boas práticas com uma forte ênfase na melhoria contínua e com a aspiração de ser o melhor.

Se considerarmos uma empresa num percurso com a Excelência Operacional é provável que siga estes passos:

1) Reconhecimento que são melhores que os concorrentes diretos
2) Altamente considerados pelos seus parceiros
3) São comparados com as empresas fora da sua indústria e região

É essencial, para ter um percurso bem sucedido, que a empresa estabeleça um enquadramento claramente definido para facilitar a melhoria contínua. Uma atenção particular deve ser dada nas seguintes áreas-chave:

- Liderança – A Excelência Operacional requer uma liderança forte, assegurando que toda a equipe saiba a direção em que a empresa está a mover e como chegará lá.

- Cultura – A Excelência Operacional é uma mentalidade que promove a mudança numa forma pró ativa para melhorar continuadamente a forma como as coisas são efetuadas.

- Ferramentas – A caixa de ferramentas é indispensável e é necessário estar sempre à mão.

A Excelência Operacional não é alcançada facilmente. Exige uma enorme quantidade de dedicação e empenho. Mas as recompensas valem a pena.

Mas nada que a criatividade não conseguisse superar, tem como princípio aumentar a eficiência da produção pela eliminação contínua de desperdícios.

Os trabalhadores também deverão ser multifuncionais, e portanto, desenvolvem mais do que uma única tarefa e operam mais de uma máquina. E, acima disso, está a extrema preocupação com a qualidade do produto.

Para Atingir a Excelência Operacional é extremamente necessário que consigamos:

1) Redução do desperdício:

A sua base de sustentação é a absoluta eliminação do desperdício, o que inclui o tempo de espera de materiais que aguardam em filas para serem processados, algumas operações de um processo que poderiam nem existir, redução do estoque através de sua causa raiz e, principalmente, os defeitos na produção que levam ao desperdício de materiais, tempo, mão-de-obra e de recursos financeiros.

Por pregar uma forma diferente de pensar a operação, a grande meta é conseguir passar essa cultura para os funcionários, o que demanda certo tempo, pois mudar a cultura não é algo que se atinja de imediato e exige disciplina e comprometimento.

É uma tarefa que não acaba, pois as oportunidades de melhoria vão sempre existir. Sempre deverão ser realizadas pequenas melhorias todos os dias. Deve-se buscar sempre equilibrar bem a demanda de serviços com os recursos disponíveis.

2) Redução de tempo:

Um estudo de tempos e métodos deverá ser implantado, para que desta forma possa medir as tarefas e identificar onde poderá realizar alguma alteração para que se possa minimizar o tempo de realização. Será necessário mapear, identificar e entender onde existem maiores desperdícios que, aliás, é o conceito básico do sistema. Assim encontra-se uma distribuição melhor da carga de trabalho e isso evita a ociosidade.

A sistemática é muito focada na disciplina. Nem toda mudança surte efeito logo na primeira vez, mas, se houver disciplina e persistência, os resultados começarão a aparecer. Muitas vezes, um projeto não traz ganhos imediatamente e a empresa desiste da sua implantação. Deve se insistir até a mudança passar a fazer parte do pensamento da cultura dos funcionários. É claro que, para isso, a fase de diagnóstico e do mapeamento das soluções tem de ser conduzida com rigor, pois de nada vale persistir em decisões equivocadas.

3) Ação conjunta:

A liderança deve participar ativamente de todas as decisões e fases do processo. A preocupação com a melhoria contínua faz parte da filosofia de trabalho de todas as organizações. Deve se promover reuniões frequentes para identificar e discutir os pontos que podem ser aperfeiçoados.

Nenhuma mudança deve ser feita sem a participação e a aprovação da liderança, que tem de participar para entender até que ponto isso é positivo ou não. A liderança tem de avaliar para saber se autoriza ou não a mudança no processo, porque as modificações nem sempre são positivas, pois há risco de elas tornarem o processo mais burocrático e, por consequência, mais lento.

É criado um senso de comprometimento com a equipe, pois todos sabem o que tem de ser feito, se está cumprindo o esperado ou, do contrário, por que não está. É possível identificar onde estão os gargalos e onde há problemas que têm de ser atacados naquele momento e também visualizar se há alguma oportunidade de melhoria. E, o mais significativo, tomar decisões a partir dessas informações.

As organizações precisam se estabelecer, comunicar e avaliar seus requisitos efetivamente. A obtenção da excelência operacional envolve um retorno aos tijolos de base da construção de uma empresa: o estabelecimento, a comunicação e a avaliação dos requisitos.

Compromisso, determinação, atenção a detalhes e esforço em equipe são exigências para se atingir tais metas.

Isso é chamado de ciclo de excelência operacional, o qual a organização deve:

1) Estabelecer requisitos claros.

- Definir claramente o que deve ser feito, por que deve ser feito, como será feito, quando e por quem será feito.

- Estabelecer precisamente as responsabilidades, frequências, cronogramas, materiais, componentes, equipamentos, quantidades, fórmulas, métodos, medições, condições ambientais e documentação.

- Serem apropriados para os usos pretendidos e não impor limites às prerrogativas do usuário e da liderança.

- Serem escritos para um leitor, levando em conta sua idade, educação, experiência, treinamento, conhecimento, habilidade e cultura.

- Esboçar claramente os pontos-chave a serem desempenhados ou seguidos.

- Possuir figuras, diagramas, fluxogramas ou ilustrações para ajudar a facilitar o entendimento do usuário sobre o requisito.

- Serem agrupados adequadamente. Demonstrar atenção ao design da página, às instruções, ao índice.

- Serem prontamente acessíveis para os usuários pretendidos a todo o tempo.

2) Comunicar efetivamente os requisitos estabelecidos.
- Conversas com os funcionários.
- Orientações aos novos funcionários.
- Programas de treinamento dos funcionários.
- Preparação do funcionário.
- SOP ou apresentação da tarefa.
- Desempenho experimental.
- Follow-up. Estimule-o a fazer perguntas, forneça feedback e, periodicamente, cheque e avalie seu desempenho.

3) Avaliar continuamente os requisitos comunicados.
- Realização de auditorias.
- Estabelecer e girar o PDCA.

Tais requisitos vêm de muitas fontes internas e externas, incluindo organizações reguladoras estaduais, federais e internacionais; clientes; fornecedores; e os próprios regulamentos da empresa, contratos, acordos da qualidade, políticas corporativas, procedimentos, especificações de produtos, métodos de inspeção e teste e protocolos de qualificação e validação.

Ressalva

Para atingir as metas do ciclo de excelência operacional, as empresas e gerências devem se comprometer com a qualidade, com a melhoria contínua e com a conformidade total. Elas devem estar dispostas a investir em treinamento e no desenvolvimento de seus requisitos, dos seus instrutores e auditores para garantir que estes sejam claramente escritos, eficientemente comunicados e continuamente avaliados por uma equipe apropriadamente treinada.

Não importa a que indústria você pertença ou que estrutura tenha sua empresa, os princípios do ciclo de excelência operacional definido serão aplicáveis.

Na maioria das organizações, os requisitos são escritos, comunicados, auditados, analisados e aprovados pela gerência ou por uma equipe técnica que não é formada pelas pessoas responsáveis por executar tais requisitos e que não recebe nenhum treinamento formal ou preparação própria para se desenvolver e atingir as necessidades das organizações.

A opinião dos usuários pretendidos normalmente não é obtida para assegurar que o conhecimento de diferentes perspectivas seja aplicado aos requisitos.

Se um ou mais desses requisitos faltarem, os níveis de conformidade, a qualidade, a eficiência e os lucros podem correr risco.

Para se atingir a Excelência Operacional, o foco principal são as competências: são elas que governam os recursos e os tornam produtivos e rentáveis.

Recursos são importantes, mas não possuem o dom da atividade própria ou da inteligência. São inertes, estáticos e sem vida própria. Hoje, os recursos constituem a plataforma ou base sobre a qual agem as competências.

São as competências que lhes dão aplicabilidade, adequação, destinação e alcance de retornos desejáveis. Isso dá uma ideia da importância das pessoas nas organizações empresariais e da necessidade de valorizar os talentos.

E isso significa um desafio formidável para muitas empresas, uma profunda e radical mudança cultural e administrativa. Cultural porque se trata de mentalidade.

Quase sempre os problemas para alcançar a excelência empresarial residem nos seguintes desafios, para citar apenas alguns deles:

1) **Saber onde estão localizadas as habilidades e competências**: em geral, as organizações sabem perfeitamente onde estão localizados seus recursos e quais os seus colaboradores que conseguem alcançar metas e objetivos e que merecem recompensas para manter a continuidade das operações. Isso faz parte de sua tradicional avaliação do desempenho. Mas ignoram onde estão exatamente localizadas as habilidades e competências críticas para o negócio.

Cada organização, além de saber onde estão localizadas as pessoas em suas áreas ou níveis de atividade, precisam saber exatamente quais são os seus colaboradores dotados de habilidades básicas como criatividade, julgamento e espírito crítico, senso prático de aplicação, capacidade de organização, coordenação de esforços, espírito empreendedor, capacidade de impulsionar os outros.

O problema quase sempre esbarra na composição dos componentes da equipe, pois as organizações sabem quem está na área de finanças, marketing ou produção, mas não sabem quem possui as habilidades e competências exigidas pelo projeto.

2) **Eliminar ou reduzir as barreiras organizacionais:** as organizações precisam aprender como reconfigurar quatro tipos de fronteiras organizacionais:

a) Fronteiras verticais: são os andares, pisos e tetos que separam as pessoas em níveis hierárquicos, títulos, status e classificações. A hierarquia de autoridade cria barreiras internas dentro da organização e que precisam ser removidas. A forte diferenciação do poder cria hoje mais problemas do que soluções.

b) Fronteiras horizontais: são as paredes internas que separam as pessoas em blocos ou silos separados por funções, unidades de negócios, grupos de produtos e/ou divisões ou departamentos. A departamentalização cria barreiras internas e que precisam ser derrubadas ou pelo menos flexibilizadas. Não é por aí que se obtém sinergias. A organização precisa funcionar como um sistema aberto e integrado e não mais como um conjunto de órgãos independentes, separados e pouco relacionados entre si.

c) Fronteiras externas: são as paredes externas que separam a empresa de seus clientes, fornecedores, comunidades e outros grupos externos. O conceito é eliminar suas barreiras externas e incentivando o relacionamento com clientes em uma ponta e com fornecedores na outra, para alcançar uma maior e melhor integração externa. As organizações estão assumindo cada vez mais a abrangência de redes e sua conectividade com o mundo externo.

d) Fronteiras geográficas: são as paredes culturais decorrentes de diferentes regiões e países que também funcionam no tempo e no espaço. A globalização impõe a derrubada dessas fronteiras geográficas sob pena de redução de mercados e de oportunidades. Por esta razão, muitas organizações pretendem deixar de ser nacionais ou multinacionais para se tornarem negócios globais.

O segredo está em derrubar barreiras e construir pontes para melhorar a integração das pessoas e equipes e proporcionar melhores resultados.

3) Eliminar barreiras da gestão: a maioria dos gestores das organizações gasta menos de uma hora por mês para discutir a estratégia, missão, visão e valores organizacionais. E muito menos do que isso para discutir sobre pessoas e como impulsioná-las ou aplicá-las ao negócio. Na maioria das organizações a gestão está distante das operações cotidianas da base. Algo separado e um verdadeiro corpo estranho para a maioria dos colaboradores. Talvez seja por isso que mais de 75% dos problemas empresariais acontecem no piso da pirâmide.

4) Eliminar barreiras de comunicação: as pessoas desconhecem ou ignoram completamente aquilo que é realmente de valor para a organização. Recebem pouca ou inadequada comunicação e participam muito pouco das decisões ou rumos que a empresa precisa tomar. É preciso colocar as pessoas on line e não in line. O alinhamento das pessoas faz parte da construção das condições vitais para alcançar a excelência. Mas para isso é preciso comunicar mais e melhor. Em uma sociedade onde as redes sociais e interativas estão se expandindo enormemente, as empresas ainda apresentam falhas nas comunicações internas e externas.

5) Reduzir as barreiras quanto à visão de futuro: apenas uma pequeníssima porcentagem dos gestores conhece a estratégia da organização, compreende sua missão e participa da sua visão de futuro. A maioria trabalha apenas no cotidiano. E poucas organizações dão o valor merecido aos valores humanos ou sociais do negócio e quase nunca conseguem casar seus valores com a missão ou visão de futuro.

Além disso, poucos gestores sabem sintetizar de forma simples e objetiva o escopo e a vantagem competitiva da empresa. Se o líder não consegue, então ninguém mais o conseguirá. Sem objetivos definidos, as pessoas ficam perdidas no meio do caminho sem saber para onde ir.

Lidar com pessoas começa com a preparação de gestores capazes, em termos de liderança, para obter o máximo rendimento das pessoas e oferecer a elas os esperados retornos de seus investimentos individuais ou grupais em termos de atividade, criatividade, inovação e resultados. Mais do que isso, de missionários, visionários e empreendedores internos para levar a cabo as mudanças que precisam ser feitas na organização.

6) Reduzir as barreiras das próprias pessoas: apenas uma pequena parte das pessoas recebe incentivos e recompensas relacionados com a

estratégia, cumprimento da missão, contribuição à visão de futuro (objetivos) e com a prática dos valores organizacionais. Essa falta de reforço positivo e contínuo impede o engajamento e comprometimento das pessoas e facilita sua alienação com relação ao trabalho a ser feito.

A falta de motivação e reconhecimento pela organização leva os operadores a desacreditarem da estratégia. Na maioria das organizações os reconhecimentos são simbólicos e não agregam nenhum valor financeiro nem motivacional aos seus talentos que se sobressaem devido à criatividade, engenhosidade e comprometimento.

A falta de inserir a família nos reconhecimentos e premiações não gera nenhuma motivação e pode causar uma mortalidade prematura de toda a sistemática.

Essas são algumas das razões pelas quais as pessoas costumam pensar como empregados e não como parceiros do negócio ou como fornecedores de conhecimentos e de competências ou ainda como provedores de valor agregado. E, com isso, o sonho da excelência operacional fica apenas no sonho de algumas organizações.

4.11- FMEA

FMEA em inglês significa Failure Mode and Effects Analysis, em português significa Análise do Modo de Falha e Efeito.

A Análise do modo de falha e efeito ou simplesmente FMEA é um estudo sistemático e estruturado das falhas potenciais que podem ocorrer em qualquer parte de um sistema para determinar o efeito provável de cada uma sobre todas as outras peças do sistema e no provável sucesso operacional, tendo como objetivo melhoramentos no projeto, produto e desenvolvimento do processo, ou seja, funciona como uma ferramenta para a estratégia que tem o objetivo de evitar erros, ou possíveis problemas durante um processo industrial.

Para tanto, o método realiza uma análise das possíveis falhas que podem ocorrer em componentes e gerar um efeito sobre a função de todo o conjunto. Assim, são analisadas as falhas potenciais e propostas ações de melhoria para o desenvolvimento do produto ou do processo. O FMEA faz uso, portanto, da prevenção, ao detectar falhas antes mesmo que elas ocorram.

FMEA foi uma das primeiras técnicas sistemáticas para a análise de falhas. A metodologia de Análise dos Modos de Falha e seus Efeitos tem a mesma origem que muitas outras ferramentas: uso em operações militares. Muitas das tecnologias usadas, atualmente, vieram da guerra, como a Internet e a energia nuclear. No caso do FMEA, ele surgiu no ano de 1949, nos Estados Unidos, na época, foi denominado de Procedures for Performing a Failure Mode, Effects and Criticality Analysis.

O propósito do FMEA consistia em uma técnica para avaliação de confiabilidade dos sistemas e falhas em equipamentos. Depois de algum tempo, a NASA também se apoderou da metodologia e começou a usar variações da ferramenta desenvolvida pelos militares.

Depois da aceitação da ferramenta pela NASA, foi a vez da Ford fazer uso da ferramenta dentro de seus processos, que tinha como principal objetivo cumprir as normatizações de segurança para veículos da época. Nos dias de hoje, utiliza-se a ferramenta nos mais variados segmentos industriais.

O FMEA é considerado pelos estudiosos como o primeiro passo de um estudo de confiabilidade do sistema. Trata-se de rever todos os componentes, montagens e subsistemas, com o objetivo de identificar possíveis falhas, suas causas e efeitos.

Para cada componente, os modos de falha e seus efeitos resultantes sobre o resto do sistema são registrados em uma planilha FMEA específica. Existem inúmeras variações de planilhas. A FMEA é principalmente uma análise qualitativa.

Existem alguns tipos diferentes de análise FMEA, entretanto os mais usuais são:

• FMEA de Projeto.

• FMEA de Processo.

Às vezes, o FMEA é chamado FMECA para indicar que a análise de criticidade é também realizada.

Mas não é só isso, indiretamente, a ferramenta serve para reduzir custos para a empresa, sendo que a metodologia pode também reduzir a quantidade de matéria-prima empregada em um processo e vai tornar todo o procedimento mais eficaz.

O objetivo do FMEA é diminuir as chances do produto ou processo falhar, quem ganha também é o consumidor. Se o artigo fabricado é adquirido pelo consumidor final, ele vai correr um risco menor de comprar um produto que apresente problemas de fabricação, evitando que tenha que contatar a assistência técnica. Mesmo quando o serviço terceirizado prontamente repara e cobre a falha, existe um grau de insatisfação do cliente.

Além disso, existem os casos em que um produto que pode apresentar falhas futuras pode colocar em risco a vida dos consumidores indiretos, como aviões e aparelhos de hospitais.

Um FMEA é um raciocínio lógico em um único ponto de análise de falhas e é uma tarefa central da confiabilidade, da segurança e da qualidade, é especialmente preocupada com o "Processo", tanto de fabricação quanto de montagem.

Um FMEA estudado corretamente e bem elaborado pode ajudar a identificar potenciais modos de falha, com base na experiência com os produtos e processos semelhantes, ou baseados na lógica de falha. Ele é amplamente usado no desenvolvimento dos processos de fabricação das indústrias em diversas fases do ciclo de vida do produto, além de ser muito utilizada nos serviços destinados a estes produtos. Refere-se ao estudo das consequências dessas falhas em diferentes níveis do sistema.

Análises funcionais são necessárias como entrada para determinar modos de falha corretos. Um FMEA é utilizado para atenuação do risco baseado em qualquer falha (modo) de redução da severidade ou em reduzir a probabilidade de falha ou de ambos.

O FMEA é, em princípio, uma análise completa, no entanto, a probabilidade de falha só pode ser estimada ou reduzida através da compreensão do mecanismo de falha.

Idealmente, esta probabilidade deve ser reduzida "impossível ocorrer", eliminando as causas (raiz). Por isso, é importante incluir no FMEA uma profundidade adequada de informações sobre as causas do fracasso.

Como toda ferramenta de gestão, no FMEA necessita-se seguir alguns passos para sua implantação, que são basicamente:

1) Definir a equipe responsável pela implantação.

2) Definir os objetivos a serem alcançados.

3) Preparação para coleta dos dados técnicos.

4) Realização das análises críticas dos aspectos considerados.

5) Identificação do processo a ser analisado.

6) Identificação dos aspectos do processo selecionado.

7) Identificação das causas e falhas do processo selecionado.
8) Identificação dos controles e detecção das falhas e causas.
9) Determinação dos índices de criticidade.
10) Análises dos riscos e elaboração dos planos de ação.
11) Revisão dos planos de ação.
12) Revisão da ferramenta FMEA sempre que necessário.

Com a implantação do FMEA de forma correta e eficiente, a organização tem a probabilidade de altíssimos ganhos futuros, tais como:

- Prever os problemas mais importantes;
- Impedir ou minimizar a frequência de ocorrência dos problemas;
- Impedir ou minimizar as consequências de problemas;
- Maximizar a qualidade e confiabilidade de todo o sistema.

Ressalva

O FMEA pode ser uma ferramenta muito poderosa, quando aplicada corretamente. Tal como qualquer outra ferramenta, antes de ser usada tem de ser compreendida. Uma vez que haja essa compreensão e comprometimento por parte das organizações, estas poderão ser surpreendidas, pelos benefícios financeiros resultantes das melhorias dos seus produtos e processos.

Porém existe dificuldades relacionadas tanto à implantação da ferramenta, quanto ao entendimento e utilização da mesma pelas organizações.

Abaixo segue uma sequência de ações errôneas que levam ao descaso ou a ineficiência do FMEA quando a ferramenta não é corretamente estruturada e implantada:

1) O FMEA feito apenas porque é obrigatório; normalmente, quando a liderança não possui uma influência positiva dentro da organização, toda e qualquer ferramenta ou estratégia somente é implantada porque a mesma se torna obrigação, onde os colaboradores realizam as atividades com o mero intuito de cumprir uma determinação para garantirem a manutenção de seus empregos, e em nenhum momento enxergam a ferramenta como algo positivo. Nesta condição toda a

ineficiência da estratégia é responsabilidade da liderança. Neste caso falta comprometimento da equipe com a estratégia.

2) A repetição de velhas informações no FMEA; existem diversas ferramentas e estratégias que visualmente são parecidas, geralmente as empresas levantam as mesmas informações de ferramentas ou estratégias anteriores, como se tivessem um banco de dados pronto para resgatar as informações acondicionadas em caso de necessidade de implementação de alguma sistemática. Porém, o FMEA necessita de uma análise muito mais crítica e profunda de cada ativo e ou componente em especial, independentemente de sua similaridade com demais ativos. As equipes insistem em investir na teoria de que informações iguais para ativos ou componentes iguais, não levando em consideração a aplicação, a operação e ou a utilização do ativo sem se preocupar com as condições individuais de cada um.

3) Assuntos triviais discutidos no FMEA; as equipes destinadas a desenvolver o FMEA costumam discutir assuntos que não vão de encontro com a filosofia da ferramenta. Diversos assuntos abordados na elaboração são triviais, assuntos que já possuem uma definição lógica quer seja ela diretriz ou determinação da empresa, as quais raramente interferem na filosofia ou na elaboração do projeto. Isto causa um descontentamento dentro da equipe por levantar pontos de vistas distintos. Pontos de vistas que não são discutíveis são determinados em função da política da organização, os quais cabem à equipe apenas enquadrar a ferramenta na estratégia da organização, sem o intuito de mudar as diretrizes, desde que não interfiram diretamente na filosofia da estratégia ou da ferramenta.

4) Equipes não preparadas; dificilmente se encontra uma equipe bem preparada para elaboração do FMEA. Basicamente, a falta de homogeneidade das equipes se torna um mal para a elaboração da estratégia, onde quando se encontra níveis diferentes de conhecimentos entre os participantes da equipe, obviamente a coleta de dados e o levantamento das informações não terão a mesma credibilidade, sendo assim, haverá deficiência no processo. Outro fator visivelmente encontrado é o despreparo da liderança, por mais que possuam nas equipes pessoas tecnicamente competentes e conhecedoras dos ativos, a definição da estratégia deve ser bem elucidada e a forma de coleta dos dados e preenchimento dos formulários também tem que estar bem alinhada entre

a equipe, caso contrário a equipe se perderá no meio do projeto e não conseguirá encontrar um caminho lógico e racional dentro da técnica solicitada.

5) Tarefas vagas; quando a coleta de dados não é realizada por profissionais conhecedores dos ativos nem da estratégia, a definição das tarefas pode não atender a necessidade do equipamento, de forma que atividades sem nenhuma criticidade para o processo, segurança ou meio ambiente, pode ser inserida na estratégia apesar de não agregar nenhuma confiabilidade para a cadeia produtiva.

6) Falta de sumário; o sumário direciona a realização das atividades de uma forma ordenada e lógica, seguindo todos os passos necessários para sua implantação. A ausência do mesmo implica em um direcionamento equivocado, sem uma ordem cronológica, o que pode causar um desencontro de informações e sucessivos erros pertinentes à estratégia, bem como o cronograma do prazo da implantação, o qual deve ser respeitado, salvo em casos extraordinários.

7) Falta de tempo e vontade para lidar com o inesperado; um dos maiores erros na implementação de qualquer estratégia ou ferramenta é exatamente a falta de tempo e ou a vontade diminuída de viver coisas novas. Isto ocorre porque geralmente quando uma organização decide em implementar uma estratégia ou ferramenta, a equipe selecionada não se dedica totalmente a este trabalho ou desafio. O que ocorre é a inserção de mais estas atividades no dia a dia dos colaboradores, fazendo com que sua carga de trabalho aumente, onde esta equipe, além de desenvolver o estudo e aplicar, também tem que continuar realizando suas atividades rotineiras. Isto faz com que o foco na estratégia seja menor do que o que se deveria.

8) Erros causados por desentendimentos; quando o conceito, as diretrizes e os procedimentos não estão claramente definidos, cada colaborador decide realizar suas tarefas da forma que julgar mais cômodo. Este fato gera automaticamente divergências de opiniões que fazem com que o desentendimento surja em função de qualquer rejeição de um dos membros da equipe por uma forma de trabalho que pode estar sendo desordenada ou aplicada de forma contrária a outro membro. Comumente, estes desentendimentos ocorrem e causa uma divisão entre a equipe impedindo que o processo flua de forma natural e efetiva.

9) Descoberta da necessidade de obtenção de dados adicionais; esta deficiência aparece quando existe no processo quaisquer dos quesitos listados acima tais como tarefas vagas, equipes não preparadas, falta de sumário, erros internos. Quando alguém que conhece os ativos e a sistemática resolve evoluir com o projeto e realiza uma filtragem ou uma avaliação nas informações coletadas, nesta hora percebe-se que para o perfeito desenvolvimento da estratégia, necessita-se de informações adicionais, informações essas que não foram observadas, levantadas nem estudadas nas etapas anteriores.

10) Dados incompletos devido à dificuldade de preencher o formulário; Quando se depara com esta condição, percebe-se claramente que a comunicação não fluiu da forma que deveria, pois somente se deve evoluir de fase quando a anterior está completamente entendida e bem resolvida. Ao menor sinal de dificuldade de preenchimento de qualquer um dos formulários disponibilizados, a equipe deve retornar ao passo anterior e alinhar todas as dúvidas que surgirem, porém para cumprir com o cronograma, realizam a atividade mesmo sem o total entendimento do procedimento, de forma que no passo seguinte se observa que os formulários não estão preenchidos de forma correta, atrasando ainda mais a evolução da estratégia.

11) Dados incompletos ou parciais devido a alguns receios pessoais; claramente pode-se perceber que este erro acontece devido ao fato ocorrido no item 9, onde desentendimento gerado por mais que seja consensado entre a maioria, gera uma questão pessoal que faz com que o membro da equipe se sinta no direito de não realizar a atividade da forma que foi acordada, não realizando assim o preenchimento correto dos formulários.

12) Falha na utilização dos dados existentes; por mais que se faça um levantamento e uma coleta de dados bem minuciosa e precisa, não é o bastante. É preciso que se saiba o que fazer com estas informações para utilizá-las da melhor maneira possível. Para isso é necessário que toda a equipe seja homogênea no conhecimento da estratégia, dos ativos e das diretrizes da organização, para que seja aproveitado por completo as informações coletadas e aplicadas de forma precisa a qual a estratégia solicita. O grande erro neste caso é imaginar que apenas as informações sejam o suficiente para eliminar os problemas. É preciso

agir, jamais deve ser esquecido da atitude, pois as informações geram um norte para que se possa saber onde estamos e definirmos para onde vamos.

13) As dificuldades individuais; estas falhas são geradas por pessoas que falam muito, pessoas que falam muito pouco, pessoas que dizem coisas não relacionadas com a atividade. Estas situações associadas implicam na ocorrência de irregularidades na utilização do FMEA que resultam numa queda da eficiência de sua aplicação, comprometendo assim os objetivos reais da sua utilização, que estão ligados aos seus benefícios.

14) Processo estagnado; é comum encontrar estratégias ou ferramentas que foram bem desenvolvidas, são aplicadas, mas não surtem o efeito esperado. Este erro acontece porque a realização da estratégia não deve ser realizada apenas uma vez. O PDCA deve ser aplicado, seu fluxo deve ser contínuo. O FMEA é uma ferramenta que tem que ser encarada como um documento vivo, que deve ser transformado e melhorado frequentemente e sempre que for necessário, ou seja, sempre que seu resultado não for satisfatório.

Para usar o FMEA é preciso profissionais capacitados, que saibam seguir a sua metodologia. Atualmente, a indústria emprega a técnica para proporcionar melhoria de processos ou produtos, para tanto, é preciso realizar uma análise feita de maneira fracionada. Ou seja, é necessário olhar para cada parte, para se melhorar o todo.

O FMEA é uma estratégia na qual a maioria das empresas aprende fazendo, colocando em prática o que foi ensinado, ou seja, o aprendizado deve ser pela ação, valorizando o tempo gasto, aplicando a cultura de mudança e com uma visão de médio para longo prazo.

4.12- Indicadores

Indicadores significam dados estatísticos relativos a um ou diversos processos que desejamos controlar.

São usados para comparar e avaliar situações atuais com situações anteriores, onde servem para medir os desempenhos contra as metas e padrões definidos por alguma organização ou entidade.

Todas as empresas ou organizações possuem ativos os quais foram adquiridos para produzirem com confiabilidade e garantirem a sobrevivência dentro do mercado competitivo.

Como se diz no ditado popular, "Quem não mede, não sabe o que tem."

Se uma organização deseja saber qual sua posição ou sua situação no mercado diante de seus concorrentes ou sucedâneos, será necessário que controle seus processos. A forma de controlar depende das informações do estado da empresa. Estas informações são controladas pelos indicadores que as extraem dos processos e as quantificam em forma de gráficos, de forma que possam ser comparadas e analisadas.

Existem diversos tipos de indicadores, que de modo geral, podem ser divididos e ou subdivididos de diversas formas, em diversas categorias e modos, dependendo do que se pretende controlar. Entretanto, abaixo, segue os indicadores mais utilizados pelas organizações:

Indicador de Capacitação: indica o que a organização está apta a fazer, ou seja, mede se a organização é capaz de realizar o que está sendo exigida por ela. Este indicador define o quanto a organização está capacitada, habilitada ou preparada para desenvolver suas atividades, definindo se será ou não necessário modernizar ou aumentar seus conhecimentos tecnológicos. Define a necessidade da empresa de realizar um Benchmarking para se equiparar com seus concorrentes ou sucedâneos no mercado ao qual se predispõe a competir.

Indicador de Desempenho: indica como está o desempenho da organização na execução de suas tarefas e cumprimento de seus compromissos. Os indicadores de desempenho podem ser subdivididos em dois grupos:

- **Indicador de Qualidade:** os indicadores de qualidade nos mostram basicamente como está a conformidade do produto final, o cumprimento dos prazos, os retrabalhos, a rastreabilidade dos processos, os desvios, entre outros fatores que compõem a cadeia da qualidade total desenvolvida pela organização.

- **Indicador de Produtividade:** os indicadores de produtividade nos mostra basicamente os custos de processo, os ciclos de produção, os aproveitamentos dos processos, a confiabilidade dos processos, os volumes de produção, entre outros fatores relativos à cadeia produtiva.

Os indicadores são instrumentos de gestão essenciais nas atividades de monitoramento e avaliação das organizações, assim como seus projetos, programas e políticas, pois permitem acompanhar o alcance das metas, identificar avanços, melhorias de qualidade, correção de problemas, necessidades de mudança, etc.

Pode-se dizer que os indicadores possuem, minimamente, duas funções básicas:

- a primeira é descrever por meio da geração de informações o estado real dos acontecimentos e o seu comportamento;

- a segunda é de caráter valorativo que consiste em analisar as informações presentes com base nas anteriores de forma a realizar proposições valorativas.

Objetivo dos indicadores

Sendo assim, nas organizações, os indicadores são utilizados para:
1) Mensurar os resultados e gerir o desempenho;
2) Embasar a análise crítica dos resultados obtidos e do processo de tomada de decisão;
3) Contribuir para a melhoria contínua dos processos organizacionais;
4) Facilitar o planejamento e o controle do desempenho;
5) Viabilizar a análise comparativa do desempenho da organização.

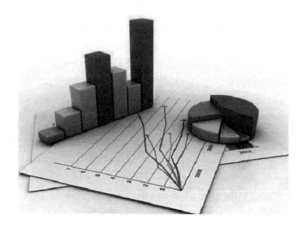

Ressalva

Mensurar o desempenho da organização com base nos indicadores permite que as organizações analisem suas principais variáveis associadas ao cumprimento dos seus objetivos: quantos e quais insumos são requeridos, quais ações são executadas, quantos e quais produtos/serviços são entregues e quais os impactos finais alcançados.

Os indicadores funcionam como o levantamento de toda a ação ou processo necessário para gerar ou entregar produtos e serviços a um beneficiário. É a representação das atividades de uma organização e permite melhor visualização do valor ou do benefício agregado no processo.

Comumente encontram-se organizações onde os indicadores não refletem a realidade do dia a dia. Isso geralmente ocorre porque os indicadores não são estruturados da forma que deveriam, o que causa uma desvirtualização dos conceitos, necessidades e objetivos na sua implantação, levando ao descrédito e não obtendo os resultados desejados referentes ao ciclo da cadeia produtiva.

Abaixo, os erros mais comuns referentes aos indicadores que podem ser observados:

1) **Falta de planejamento estratégico:** os indicadores devem contribuir de forma explícita para o cumprimento dos objetivos estratégicos, entretanto, se a organização não possui um planejamento estratégico, os indicadores perdem a função, pois o objetivo dos indicadores é medir onde estamos para que possamos avaliar o que devemos fazer para chegar onde queremos. A ausência do planejamento estratégico deixa os indicadores sem projeção de futuro, sem saber o destino que se almeja.

2) **Falta de análise inicial:** os indicadores sempre devem estar intimamente ligados e relacionados às principais conclusões do processo de elaboração do Planejamento, o qual deve possuir já definido os pontos fracos, pontos fortes, oportunidades e ameaças. Somente assim, os indicadores podem refletir a real necessidade a qual a organização busca.

3) **Objetivo desvirtuado:** os indicadores devem ser desenvolvidos para medirem as performances e não as atividades. Quando não se estrutura a sistemática da forma correta, começa-se a medir as atividades, o que somente depois de um longo período percebe-se que os indicadores

atuais não apresentam a realidade da organização, pois não se conhece exatamente o que se faz, onde passou-se um longo tempo medindo apenas o que se fazia e não o resultado que se obtia.

4) **Investimento incorreto:** por regra geral, os indicadores devem custar o mínimo possível, porém deve apresentar o máximo de justificativa possível. Não adianta investir em sistemas automatizados para se desenvolver uma ferramenta altamente tecnológica se o que mais importa é a alimentação correta dos indicadores, a confiabilidade dos resultados obtidos é diretamente proporcional à honestidade, sinceridade e transparência da equipe que o alimenta.

5) **Falta de transparência e objetividade:** os indicadores devem ser simples e transparentes, e se possível não exigir nenhum intelecto para interpretá-los. Qualquer leigo que se deparar com os mapas ou indicadores deve entendê-los sem necessitar de nenhuma explicação. Geralmente, se encontra gestões à vista onde raramente se consegue entender o que se buscar, onde se encontra e quais as tratativas para eliminar os desvios.

6) **Falta de metas atingíveis:** os indicadores devem permitir fixação de metas e autonomia na obtenção das mesmas. Quando uma organização não define as metas ou quando define metas impossíveis de atingir, os indicadores perdem totalmente sua essência, se tornam unicamente números sem um rumo, sem um objetivo, sem um propósito que leve a organização a um sucesso produtivo.

7) **Falta de foco dos indicadores:** os resultados encontrados nas medições dos indicadores devem ser suficientemente coerentes para subsidiar as decisões dos processos. Quando os resultados encontrados nos indicadores não proporcionam nenhuma ação de impulsionar a alta direção a tomar decisões sobre os processos, isso significa que o foco dos indicadores não está em sinergia com a diretriz. Desta forma os mesmos devem ser reavaliados e reestruturados.

8) **Medição de Quantidade Absoluta:** para o trabalho com indicadores de desempenho deve-se esquecer o mito da "Medição absoluta". Não é necessário monitorar e controlar tudo e todos ao mesmo tempo e na mesma hora. A postura correta é a alta seletividade. Medir apenas o que é importante e significativo. A quantidade ideal sofrerá mudanças pelo nível de amadurecimento da instituição no tratamento das

questões que envolvem avaliação de performance e desempenho. Pode-se começar com poucos indicadores, medindo apenas os processos básicos, e ir aumentando gradativamente à medida que haja melhor sensibilidade institucional ao trato desse assunto.

9) **Busca da Qualidade Absoluta:** as medidas devem ser úteis, fazer sentido para orientar a gestão no dia a dia. A medição tem que ser orientada para a melhoria do desempenho e a melhoria do desempenho tem que ser orientada pela medição. Se com a medição consegue-se extrair informações de gestão, ele terá qualidade.

4.13 - Sistema de Gerenciamento de Manutenção

O Sistema de Gerenciamento de Manutenção tem por objetivo agrupar as informações técnicas e financeiras para manter as instalações da empresa com capacidade de produzir com estabilidade e qualidade a um custo competitivo.

As empresas são constituídas basicamente por três elementos:

a) Hardware (Instalações – Ativos).

b) Software (Métodos).

c) Humanware (Homens).

As organizações possuem uma estrutura definida a qual podemos ilustrar abaixo:

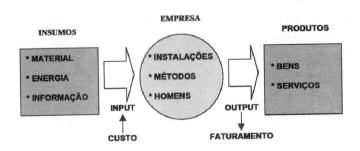

As organizações, como pode ser visualizado no esquema acima, são constituídas de Ativos.

O que é um Ativo

Definição Financeira

Ativo é um termo básico utilizado para expressar o conjunto de bens, valores, créditos, direitos e assemelhados que formam o patrimônio de uma pessoa, singular ou coletiva, num determinado momento, avaliado pelos respectivos custos.

Definição Técnica

Ativo é o conjunto de componentes que formam um equipamento capaz de desempenhar uma função dentro do ciclo da cadeia produtiva de uma organização.

Divisão detalhada de ativos do balanço patrimonial:

1) **Ativo Circulante.**

   Estoques - Exemplos: matéria-prima, produtos em elaboração, produtos acabados e mercadorias para revenda.

   Dívidas de terceiros de curto prazo - Exemplos: dívidas de clientes, títulos a receber de clientes, dívidas de cobrança duvidosa de clientes, dívidas do estado e outros entes públicos.

   Depósitos bancários e caixa - Exemplos: depósitos bancários, dinheiro em caixa.

   Acréscimos e deferimentos - Exemplos: acréscimos de proveitos, custos diferidos.

2) **Ativo não circulante.**

   a) Imobilizado incorpóreo (Intangível) - Exemplos: marcas, patentes, softwares.

   b) Imobilizado corpóreo - Exemplos: terrenos e recursos naturais, edifícios e outras construções, equipamentos, ferramentas.

   c) Investimentos financeiros - Exemplos: partes de capital em empresas do grupo, títulos e outras aplicações financeiras.

   d) Dívidas de terceiros de longo prazo - Exemplos: dívidas de clientes, títulos a receber de clientes, dívidas de cobrança duvidosa de clientes, dívidas do Estado e outros entes públicos.

Por regra geral, um Sistema de Gerenciamento de Manutenção deve possuir um Software bem elaborado para atingir os objetivos das organizações. Objetivos estes que listamos a seguir, de forma que apenas mencionamos os principais, visto que são inúmeros os objetivos para um sistema poder ser definido e ou utilizado.

Principais objetivos de um Sistema de Gerenciamento de Manutenção:

a) Garantir o cumprimento das rotinas de inspeção e execução;

b) Utilizar racionalmente a mão-de-obra, própria ou contratada;

c) Economizar material;

d) Avaliar continuamente os resultados, observando custo, disponibilidade e taxa de falhas;

e) Direcionar recursos para áreas críticas, para solução efetiva dos problemas.

f) Fornecer dados para solução de problemas e implantação de melhorias.

g) Aumentar a disponibilidade e a confiabilidade dos ativos.

- reduzindo falhas.
- reduzindo os tempos de reparo.
- reduzindo a frequência e a duração das paradas preventivas.

h) Reduzir o custo de manutenção:

- reduzindo compras de sobressalentes;
- reduzindo os sobressalentes em estoque;
- reduzindo os serviços contratados;
- aumentando a produtividade da mão-de-obra.

Toda a estratégia da manutenção é inserida no software de Sistema de Gerenciamento da Manutenção, com o intuito de agregar valores e otimizar as informações na forma de agrupamento para que se possa gerir toda a estrutura de um único ponto.

Para se implantar um bom sistema de gerenciamento de manutenção é necessário seguir alguns passos para que se possa ter uma estrutura sólida e consistente a ponto de se gerar uma confiabilidade em toda a sistemática a qual garante a eficiência e o crescimento da manutenção, garantindo assim toda a evolução do ciclo industrial, a continuidade operacional e a competitividade da cadeia produtiva.

Etapas de um Sistema de Gerenciamento de Manutenção completo:

1º - Cadastramento das Instalações.

2º - Elaboração do FMEA.

3º - Implantação da Sistemática da Confiabilidade.

4º - Tabela Mestre de Manutenção.

5º - Atividade Extra.

6º - Recursos da Atividade de Manutenção.

7º - Orçamentos e Custos das Atividades de Manutenção.

8º - Programação das Atividades.

9º - Inspeção de Manutenção.

10º - Histórico de Intervenções.

11º - Apropriação de Mão de Obra.

12º - Folha de Registros para Pagamentos de Terceiros.

13º - Histórico de Ocorrências.

14º - Índices de Manutenção.

15º - Análise das Falhas.

16º - Segurança Lógica do Sistema.

17º - Gerenciamento dos Conjuntos.

18º - Gerenciamento Financeiro dos Ativos.

19º - Relatórios.

Através do Sistema de Gerenciamento da Manutenção, são controladas todas as solicitações de serviços e pagos milhões de reais em serviços contratados.

Os conceitos utilizados no desenvolvimento do tema de Gerenciamento da Manutenção norteiam a organização numa interdependência que o transforma na maior expressão desta cultura de manutenção. Cultura esta que permanece em constante evolução junto à organização, permitindo galgar continuamente novos patamares de excelência.

Ressalva

O Sistema de Gerenciamento da Manutenção é uma ferramenta que alcança um nível de integração em seu modelo conceitual que faz o gerenciamento tanto proativo como reativo das falhas, também associa o controle dos físicos ao dos endereços por onde estes trabalharam, que possibilitará, ao processo de manutenção, alcançar em um futuro bem próximo, novos patamares de controle, necessários num cenário de globalização da economia, da busca da qualidade total em serviços e produtos e de constantes aprimoramentos da gestão empresarial.

Entretanto, nem sempre esta se torna a realidade quando se implanta o Sistema de Gerenciamento da Manutenção. Pois a manutenção ainda é um segmento complexo que necessita veementemente de profissionais altamente qualificados para que sua filosofia ou suas diretrizes sejam cumpridas, atingindo assim os resultados obtidos os quais a organização se projetou e quantificou em prol de seu crescimento produtivo.

Na maioria das organizações o Sistema de Gerenciamento da Manutenção exerce apenas uma conotação figurativa, não desenvolvendo assim o papel pelo qual o mesmo foi adquirido, implantado e estruturado.

Abaixo iremos destacar algumas das falhas mais comuns em que as organizações se deparam durante a aquisição, implantação e ou utilização da respectiva sistemática.

1) **Plataforma do Sistema mal dimensionada** - O erro mais comum ao se adquirir um Sistema de Gerenciamento de Manutenção é a especificação e o dimensionamento de sua plataforma de utilização. Normalmente, a organização baseia-se em algum sistema já definido para elaborar sua plataforma. Raramente se estuda o que realmente se deseja gerenciar ou o que se deseja

controlar e administrar para definir sua plataforma. Em diversos casos pode se observar que após sua implantação, inicia-se um trabalho de análises para avaliar se é possível inserir ou não mais alguns aplicativos ou ferramentas para auxiliar todo o gerenciamento. Esta análise deve ser realizada antes de adquirir ou de se definir a plataforma do sistema que se deseja para atender as necessidades da organização. Sendo assim, o sistema deve ser ímpar, pois cada organização possui seus pontos de vistas e suas diretrizes, o que não habilita a qualquer sistema a ser utilizado dentro de sua ótica de custo, benefício e necessidades operacionais.

2) **Aquisição do Sistema com Protocolo Fechado** - Geralmente as pessoas envolvidas na aquisição do sistema nunca são as mesmas que irão operar, gerenciar ou utilizar de alguma forma. Esta postura causa um enorme transtorno na organização, quando se dimensiona mal um sistema e ainda o adquire com o protocolo fechado. O protocolo fechado nada mais é do que um sistema travado onde a impossibilidade de alterar, inserir ou excluir qualquer uma das funções necessárias ou desnecessárias para a manutenção vem à tona quando os usuários ou os administradores avaliam as reais necessidades de realizarem qualquer uma das condições citadas. Quando o sistema é mal dimensionado e ainda assim é intransponível, o mesmo passa a não atender a todos os anseios da manutenção em prol da evolução e controle da organização. Quando se depara com este caso, a única alternativa é solicitar aos seus idealizadores uma reengenharia para inserção, alteração ou inclusão de alguma função ou modalidade, o que torna o custo da melhoria em muitas das vezes inviável, obrigando assim, os gestores a criarem controles paralelos ao sistema, para que possam garantir que as informações não serão perdidas ou possam ser difundidas dentro dos segmentos da organização.

3) **Estratégia de Manutenção mal elaborada** - Quando não se tem bem definido o caminho a ser seguido pela manutenção, missão, visão, valores e objetivos, também não se consegue gerir suas atividades e funções. Neste caso, quando se utiliza um Sistema de Gerenciamento da Manutenção, o mesmo perde grande parte de suas funções e não consegue munir os usuários e gestores com as informações que se desejam. A estratégia tem que estar bem estudada e definida, com seus conceitos impregnados no dia a dia da equipe, onde o foco tem que ser idealizado em todas as pessoas que estiverem envolvidas no segmento, garantindo a homogeneidade da qualidade técnica dos profissionais.

4) **Mão de obra não Qualificada para Implantar e Alimentar o Sistema** - Infelizmente, nos dias de hoje, esta ainda é uma realidade muito efetiva em nossa categoria de manutenção industrial. Ao longo dos anos, a evolução do poder aquisitivo das famílias levaram os jovens a buscarem novas profissões e novos caminhos. A própria indústria tem sua parcela de culpa, quando direciona seus engenheiros para cargos administrativos. Com esta atitude os técnicos especializados sumiram do mercado e as organizações não encontram mais profissionais preparados com capacidade técnica suficiente para elaborar e alimentar um Sistema de Gerenciamento da Manutenção. Isso leva as organizações a contratarem empresas de consultoria para realizarem estes trabalhos. Entretanto, por mais que as empresas conheçam os sistemas, elas não conhecem os processos, o que deixa uma lacuna ainda maior aumentando ainda mais a deficiência da estratégia. O que se aconselha é que todas as ações sejam tomadas por profissionais que conheçam o sistema e que também conheçam tecnicamente os processos.

5) **Conteúdo Técnico muito pobre** - Quando as informações técnicas ou os levantamentos técnicos não são suficientemente ricos de detalhes que viabilizam a antecipação das falhas mesmo ocultas ou superficiais, o sistema não consegue atingir seu objetivo. Este fato regularmente ocorre devido à mão de obra não qualificada durante a implantação e ou alimentação do sistema. As diretrizes devem estar muito bem definidas juntamente com o foco da missão e da visão da organização, as quais nunca devem subjugar seus objetivos nem seus valores.

6) **Falta de Investimento no material humano** - Muitas organizações ou gestores cometem o grave erro de acreditarem que qualquer profissional pode coletar os dados técnicos, elaborar as estratégias e alimentar os sistemas. A falta de treinamentos ou especializações destes profissionais na elaboração, alimentação e ou utilização do sistema e da estratégia da manutenção, bem com suas ferramentas adjacentes, é a fonte mais comum de erros, descréditos e decadências do sistema de gerenciamento da manutenção. Vale a pena lembrar que o sistema nada mais é do que um banco de dados com algumas fórmulas matemáticas. O que costumamos dizer que todo sistema é burro. A qualidade das informações que iremos receber do sistema vai depender da qualidade de informações que passarmos a alimentar este sistema. Se munirmos o sistema com uma gama significativa de detalhes técnicos, receberemos proporcionalmente informações com uma riqueza técnica que facilitará tanto nossas análises quanto nosso entendimento, o que nos dará uma credibilidade

e confiabilidade em todos os relatórios emitidos por ele. Entretanto, se não nos preocuparmos com tais detalhes técnicos e alimentarmos o sistema ao bel prazer, a banalização de suas informações e relatórios jamais irá nos direcionar para uma excelência ou sequer nos guiará por um caminho de sucesso.

7) **Falta de Dedicação à Sistemática** - Toda equipe destinada a realização dos estudos e análises dos ativos para levantamento e coleta de informações deveria dedicar-se em tempo integral, mantendo o foco no trabalho a ser desenvolvido. Na realidade, quando uma organização decide em implantar esta ferramenta, a equipe destinada a desenvolver a ferramenta e coletar as informações, ainda tem que dividir seu tempo entre os estudos necessários para a efetivação da ferramenta e suas atividades de rotina. Isto faz com que o foco seja desviado para suas obrigações do dia a dia e o tempo de realização se torne infinitamente maior do que o esperado e ou determinado. Ressaltando ainda que a qualidade das informações absorvidas não serão as desejadas para o sucesso da sistemática implantada.

8) **Conceitos Distorcidos de Manutenção** - O conceito da manutenção deve ser em não fazer manutenção, ou seja, a proposta é praticar manutenção sem por as mãos no ativo. A alta disponibilidade de um ativo não é reflexo do alto volume de intervenção da manutenção. Para melhorar a confiabilidade há de se trabalhar o fator Homem, com políticas, boas práticas, estrutura organizacional, treinamentos e níveis de habilitação. Devemos lembrar sempre de que o problema é o homem e não a máquina. É irônico continuar acreditando que muitos pensam que a solução ainda seja encher as áreas com o pessoal de operação e manutenção, práticas estas, ainda cultivadas em algumas organizações nos dias de hoje.

9) **Ênfase Aplicada do Segmento Incorreto** - A ênfase da manutenção deve ser na análise de causas das falhas, e não em somente reparar. A análise sistemática das falhas dos ativos e de problemas operacionais, bem como o intercâmbio e divulgação das informações, são práticas imprescindíveis. As informações também devem ser consideradas como um ativo da empresa. Excesso de demanda gera intervenções superficiais e incompletas, além de elevar os custos. Problemas crônicos, têm origens em causas que não são usualmente aparentes.

10) **Aceleração do Processo pela Alta Cúpula** - É um processo demorado onde o estudo e a avaliação de cada etapa demandam muito tempo para que se possa obter um resultado satisfatório. Porém, as organizações

querem determinar um tempo para início e término do projeto, tempo este, na maioria das vezes, infinitamente inferior ao tempo necessário para realizar todo o estudo e levantar todas as informações necessárias para alimentar a ferramenta.

11) **Formação de Equipe sem Conhecimento de Causa** - A equipe que deverá realizar o estudo e implantar a ferramenta deve ser multidisciplinar, onde deverá conter no mínimo um membro de cada área de atuação da empresa, contemplando o setor estratégico, segurança, administrativo, manutenção, operação, logística entre outros. O que ocorre na maioria das vezes é que os gestores indicam determinados colaboradores para realizarem os estudos, os quais não têm conhecimentos reais sobre as demais áreas de atuação, deixando que a ferramenta não absorva todas as informações necessárias ou reais para o completo prosseguimento das etapas futuras.

12) **Definição Incorreta dos Tipos de Manutenção** - Já é sabido que ativos iguais podem possuir fases de vida diferentes, portanto, cada ativo deve possuir uma estratégia diferente, por mais que sejam idênticos. Deve-se levar em consideração a forma de operação, a localização ou ambiente instalado, as funções desempenhadas e suas aplicabilidades. O que mais vemos nas organizações são os famosos Ctrl+C e Ctrl+V, para ativos que possuem semelhanças construtivas. Quando o fabricante determina uma rotina de manutenção para um determinado ativo, principalmente se o mesmo é produzido em série, ele não avalia o ambiente no qual o ativo será instalado nem a forma de operação a qual ele será submetido, por mais que o ciclo de vida o determine, sempre trabalham em uma faixa de vida útil, o que pode variar de acordo com os critérios de cada usuário.

13) **Falta de Melhoria Contínua** - Um dos maiores enganos de um gerenciamento da manutenção é acreditar que um sistema bem elaborado e bem alimentado é o suficiente para garantir o sucesso da modalidade na organização. Não existe sistema infalível. Todo sistema precisa ser aprimorado dia a dia, e os profissionais responsáveis por estas melhorias e correções dos desvios são os inspetores de manutenção, os quais estão dia a dia em contato com os ativos, equipamentos, componentes e elementos, e podem, através de suas avaliações, definir a melhor rotina, o melhor roteiro e as melhores condições dos equipamentos.

Condições estas que podem mudar de acordo com diversos fatores tais como a idade dos equipamentos, a forma que estão sendo operados e utilizados, os volumes de produção entre outros. Por isso, a constante evolução das análises e melhorias contínuas dos dados inseridos no sistema devem ser monitoradas e reavaliadas a cada condição.

Somente eliminando as possíveis falhas descritas acima, pode se conseguir sucesso em um Sistema de Gerenciamento da Manutenção, onde as informações obtidas do mesmo serão confiáveis e auxiliarão em toda evolução da cadeia produtiva.

4.14- Redução de Custos

Reduzir custos quer dizer atingir a qualidade ótima, que é aquela que atende às expectativas dos clientes ao menor custo.

É um conceito bastante diferente de qualidade a custo mínimo ou qualidade máxima ao custo que for necessário. Abrange pessoas, processos, produtos e serviços.

Em determinados setores empresariais, as empresas nunca serão encantadoras de clientes. Elas acreditam que tentar assegurar a satisfação total dos clientes seria economicamente inviável. Geralmente são empresas grandes, com uma grande carteira de clientes e com atuação predominante no setor de serviços.

O custo influi na decisão de vender a determinado preço e este afeta o volume vendido por meio da elasticidade-preço da procura. Consequentemente, a receita da empresa também é afetada. Quando a empresa reduz o custo de um produto ou serviço, também pode reduzir o preço de venda, aumentar a quantidade vendida e obter um acréscimo na receita líquida. O ponto ótimo de redução de custo é aquele onde a receita líquida para de crescer.

Todas as empresas implantam programas de redução de custos de forma espontânea e ou compulsória.

A redução de custos espontânea é buscada antes de qualquer sinal de crise atingir a empresa. Ela visa manter ou conseguir uma vantagem competitiva. Seus efeitos são tipicamente expansionistas e, em geral, não sofre restrições por parte dos colaboradores.

Já a redução de custos compulsória tem características opostas à redução espontânea. Geralmente, é implantada diante de crise financeira e seu objetivo é a sobrevivência da empresa. Está baseada no corte de custos e uma vez que áreas vitais para a geração de receita podem ser atingidas, a eficácia dessa forma de redução de custos é incerta.

Uma empresa pode conseguir vantagem competitiva sustentável por meio de custos ou de diferenciação, mesmo quando a opção da empresa é pela diferenciação, os custos não podem ser esquecidos.

No Brasil, os anos de inflação alta e o fechamento da economia, por muito tempo, foram os principais causadores da pouca atenção que as empresas dispensavam aos custos. Com frequência, encontrava-se empresas numa situação surrealista: não tinham custos competitivos nem eram diferenciadoras.

Podemos encontrar diversas opções para obtenção de competitividade em custos. Determinadas opções, entretanto, estão presentes em todo processo de redução de custos. As principais são:

1) Otimizar a qualidade em todos os processos da empresa.

2) Dar total atenção ao custo global

3) Compreender totalmente a relação entre custo, preço e receita.

4) Aprimorar a qualidade dos dados e das informações de custo.

5) Explorar todo o potencial da Análise de Valor.

6) Crer que todo custo pode ser redutível.

Um programa formal de redução de custos é a ferramenta clássica usada pelas empresas para obter competitividade em custos. Num programa típico de redução de custos são estabelecidas metas e responsabilidades.

Mesmo sem um programa de redução de custos oficialmente estabelecido, as empresas podem obter resultados expressivos com a adoção de medidas isoladas de redução de custos.

Ressalva

Uma das principais restrições ao processo de redução de custos é um argumento bastante conhecido: o custo está no limite, não há mais o que reduzir. Toda empresa que tenha enfrentado e vencido uma crise financeira sabe que não há custo irredutível. O que muitas vezes acontece é que o objetivo de reduzir custos não é uma decisão firme. É apenas uma vaga intenção, um balão de ensaio. As fortes reações dos setores envolvidos se encarregarão de boicotar o frágil projeto de redução de custos.

Erros nas decisões de redução de custos são comuns e acontecem em todas as organizações a todo instante.

Sequencialmente mostramos abaixo alguns dos erros mais ocorridos durante a decisão hierárquica de reduzir custos:

1) **Falta de uma análise dos custos:** quando se veem em um momento de apuro, muitas empresas começam a reduzir custos sem avaliação prévia e acabam limando recursos importantes para os resultados da companhia. Por isso, a regra é elencar todos os custos da empresa e manter um histórico deles, realizando cortes naqueles que têm menos participação no lucro.

2) **Falha na definição das metas de redução:** o planejamento estratégico da empresa deve incluir não só as metas de aumento de vendas como também as de diminuição de gastos, obtidas com o estudo dos custos. Assim é possível definir os caminhos para alcançar os índices determinados. Entretanto, essas metas devem ser atingíveis, e geralmente as metas definidas não refletem a realidade do cenário atual, o que causa um descontrole na hora de reduzir os custos.

3) **Falta do envolvimento da equipe:** os funcionários são protagonistas da redução de custos e a comunicação interna deve ser reforçada para que os colaboradores façam parte dessa causa. Quase nunca os gestores envolvem as equipes nas decisões e definições de metas de otimização dos custos e nunca usam parte da economia para premiar o time quando elas forem atingidas. Essa estratégia pode ser aplicada na redução de itens como material de escritório, energia, insumos e manutenção de equipamentos. É uma opção barata para redução de custos e que costuma produzir resultados excelentes. Os melhores são obtidos quando os pedidos de sugestões são orientados para objetivos determinados.

4) **Falta de cuidado com a satisfação dos clientes:** raramente as organizações se preocupam em planejar quais custos devem ser diminuídos, é preciso manter a atenção na qualidade e na eficiência da satisfação do cliente, para que o corte não cause uma percepção negativa nos mesmos.

5) **Deixar de comprar:** este é o erro mais grave quando se decide reduzir custos apenas deixando de realizar compras que podem ser cruciais para a sobrevivência da organização. Quando se fala em redução de

custos, o setor de compras é o primeiro a ser interditado, inibindo os usuários de realizarem quaisquer solicitações de compras, independente do segmento. Os gestores e ou diretores tentam forçar principalmente a manutenção a garantir a eficiência e confiabilidade do processo sem que se gaste com materiais e ou componentes sobressalentes. A grande realidade é que esta decisão só prejudica a confiabilidade do processo, o que se deve fazer é gastar da forma correta sempre e não deixar de gastar.

6) **Optar por um produto mais barato:** independente da redução de custos, os profissionais do setor de compras das organizações são destinados a definirem seus fornecedores na maioria das vezes pelo custo do produto e raramente se leva em consideração a qualidade e ou a confiabilidade do produto. Esta decisão acaba sendo mais custosa para a organização devido ao custo benefício.

7) **Setor de compras sem conhecimento técnico:** uma das diretrizes encontradas nas organizações para definir um profissional para se integrar a equipe de compras, certamente não é a habilidade e ou o conhecimento técnico. Raramente se encontra um profissional deste segmento que tenha algum conhecimento técnico e possa criticar algum produto ofertado. Neste caso, ocorre em muitas das vezes, de um componente ser comprado e somente ser recusado pelo usuário final no ato de sua utilização ou instalação. Isto causa um descontentamento geral e uma perda de tempo útil muito significativa. Sem mencionar todos os custos com transportes e ações burocráticas administrativas e judiciais para se acionar o fornecedor e solicitar a troca do componente.

8) **Falta de quebra de paradigmas:** ainda existem profissionais que se limitam a algumas marcas e se mantêm fiéis a ela, mesmo sem conhecer outras alternativas economicamente viáveis e com qualidade significativa. Uma das opções é desenvolver novos fornecedores que possam apresentar produtos tecnicamente confiáveis e com um custo melhor. A nacionalização deve sempre ser levada em conta, pois produtos importados são altamente custosos e o mercado nacional hoje pode atender a quaisquer organizações em quaisquer segmentos com produtos de qualidade e com custos acessíveis.

9) **Falta de gestão financeira dos ativos:** se perguntar aos gestores de muitas organizações sobre este tema, certamente muitos deles não vão

conseguir responder do que se trata. As máquinas e equipamentos têm uma vida econômica que é o número de anos ideal para que valha a pena mantê-los em operação. Este procedimento significa trocar equipamentos na época certa, nem muito cedo nem muito tarde. Isto acontece quando o crescente custo operacional do equipamento (manutenção e outros) se iguala ao custo do capital investido no equipamento. Pouquíssimas organizações mantêm este princípio, utilizando assim os equipamentos até que não mais possam produzir, mas não percebem que depois de algum tempo os custos de manutenção tornam o processo produtivo altamente inviável.

10) **Falta de parcerias estratégicas:** parcerias ou associações estratégicas podem ser adotadas de modo a ganhar escala nas atividades de venda ou compra sem alterar o porte da empresa. O efeito será a redução de custos de compra, publicidade, serviços de apoio, entre outros. Um dos casos mais comuns são os contratos de fornecimento de componentes e produtos, uma vez que a organização pode, juntamente com seu fornecedor, definir os custos fixados por um período determinado, além de manter seu estoque nas dependências do fornecedor, minimizando assim os custos com aquisições de sobressalentes e não aumentando seu estoque interno, pagando apenas os produtos que foram utilizados.

Nestes casos devemos sempre deixar em evidência que, reduzir custos não quer dizer cortar gastos e sim ter consciência de que pode se adquirir e aplicar o melhor produto com um custo que esteja dentro das realidades das organizações.

4.15- Masp

MASP é a abreviatura usada para o método de análise e soluções de problemas. É um roteiro complexo utilizado para resoluções de problemas nas grandes organizações, trata-se de uma metodologia para manter e controlar a qualidade de produtos, processos ou serviços de problemas de origem japonesa, acabou sendo atribuída no Brasil.

O MASP é um método sistemático para o desenvolvimento de um processo de melhoria num ambiente organizacional, visando solução de problemas e obtenção de resultados otimizados.

Para que um determinado problema seja analisado pela sistemática MASP, o mesmo necessita possuir um comportamento histórico, um problema de engenharia ou de concepção.

O MASP é um caminho ordenado, composto de passos e subpassos predefinidos para a escolha de um problema, análise de suas causas, determinação e planejamento de um conjunto de ações que consistem em uma solução, verificação do resultado da solução e realimentação do processo para a melhoria do aprendizado e da própria forma de aplicação em ciclos posteriores.

O MASP prescreve como um problema deve ser resolvido e não como ele é resolvido, partindo também do pressuposto de que toda solução há um custo associado, a solução que se pretende descobrir é aquela que maximize os resultados, minimizando os custos envolvidos.

Há, portanto, um ponto ideal para a solução, em que se pode obter o maior benefício para o menor esforço, o que pode ser definido como decisão ótima.

A construção do MASP como método destinado a solucionar problemas dentro das organizações passou pela idealização de um conceito, o ciclo PDCA, para incorporar um conjunto de ideias inter-relacionadas que envolvem a tomada de decisões, a formulação e comprovação de hipóteses, a objetivação da análise dos fenômenos, dentre outros, o que lhe confere um caráter sistêmico.

Embora o MASP derive do ciclo PDCA, é importante que não se confunda os dois métodos, pois: O MASP é um método eficaz, ele procura resolver problemas de forma rápida e objetiva e com menor custo a empresa, ou seja, é um método que tem como característica a racionalidade utilizando lógica e dados.

O MASP é formado pela seguinte sequência de passos abaixo:

- Objetivos das etapas

- Etapa 1: Identificação do problema

- Etapa 2: Observação

- Etapa 3: Análise

- Etapa 4: Plano de Ação

- Etapa 5: Ação

- Etapa 6: Verificação
- Etapa 7: Padronização
- Etapa 8: Conclusão

Objetivos das etapas:

Embora o MASP tenha praticamente o mesmo conceito do ciclo PDCA, as etapas e passos podem ter pequenas diferenças. Algumas etapas podem ser apresentadas juntas, outras separadas, mas a estruturação é a mesma.

A estrutura de oito etapas apresentada abaixo é a mais conhecida e mais utilizada nas grandes organizações:

1) **Identificação do problema:** Definir claramente o problema e reconhecer sua importância.

2) **Observação:** Investigar as características específicas do problema com uma visão ampla e sob vários pontos de vista.

3) **Análise:** Descobrir as causas fundamentais.

4) **Plano de ação:** Conceber um plano para bloquear as causas fundamentais.

5) **Ação:** Bloquear as causas fundamentais.

6) **Verificação:** Verificar se o bloqueio foi efetivo.

7) **Padronização:** Prevenir contra o reaparecimento do problema.

8) **Conclusão:** Recapitular todo o processo de solução do problema para trabalho futuro.

As oito etapas acima são subdivididas em passos. A existência desses passos é o que caracteriza o MASP e o distingue de outros métodos menos estruturados de solução de problemas.

Etapas e passos que compõem a sistemática.

Etapa 1: Identificação do problema:

A identificação do problema é a primeira etapa do processo de melhoria do MASP. Se feita de forma clara e criteriosa pode facilitar o desenvolvimento do trabalho e encurtar o tempo necessário à obtenção do resultado.

A identificação do problema tem pelo menos duas finalidades:

a) Selecionar um tópico dentre uma série de possibilidades, concentrando o esforço para a obtenção do maior resultado possível;

b) Aplicar critérios para que a escolha recaia sobre um problema que mereça ser resolvido.

Passos da Identificação do problema

- Identificação dos problemas mais comuns.
- Levantamento do histórico dos problemas.
- Evidência das perdas existentes e ganhos possíveis.
- Escolha do problema.
- Formar a equipe e definir responsabilidades.
- Definir o problema e a meta.

Etapa 2: Observação:

A observação do problema é a segunda etapa do MASP e consiste em averiguar as condições em que o problema ocorre e suas características específicas do problema sob uma ampla gama de pontos de vista. O ponto crucial da observação é coletar informações que podem ser úteis para direcionar um processo de análise que será feito na etapa posterior.

Etapa 3: Análise:

A etapa de análise é aquela em que serão determinadas as principais causas do problema. Se não identificamos claramente as causas, provavelmente serão perdidos tempo e dinheiro em várias tentativas infrutíferas de solução. Por isso ela é a etapa mais importante do processo de solução de problemas.

Passos da Análise:

- Levantamento das variáveis que influenciam no problema.
- Escolha das causas mais prováveis (hipóteses).
- Coleta de dados nos processos.
- Análise das causas mais prováveis; confirmação das hipóteses.

- Teste de consistência da causa fundamental.
- Foi descoberta a causa fundamental?

Etapa 4: Plano de Ação:

Uma vez que as verdadeiras causas do problema foram identificadas, ou pelo menos as causas mais relevantes entre várias, as formas de eliminá-las devem, então, ser encontradas.

Esta etapa consiste em definir estratégias para eliminar as verdadeiras causas do problema identificadas pela análise e então transformar essas estratégias em ação. Conforme a complexidade do processo em que o problema se apresenta, é provável que possa existir um conjunto de possíveis soluções. As ações que eliminam as causas devem, portanto, ser priorizadas, pois somente elas podem evitar que o problema se repita novamente.

Etapa 5: Ação:

Na sequência da elaboração do plano de ação, está o desenvolvimento das tarefas e atividades previstas no plano. Esta etapa do MASP se inicia por meio da comunicação do plano com as pessoas envolvidas, passa pela execução propriamente dita, e termina com o acompanhamento dessas ações para verificar se sua execução foi feita de forma correta e conforme planejado.

Passos da Ação:

- Divulgação e alinhamento.
- Execução das ações.
- Acompanhamento das ações.

Etapa 6: Verificação:

Esta etapa representa a fase de check do ciclo PDCA e consiste na coleta de dados sobre as causas, sobre o efeito final e outros aspectos para analisar as variações positivas e negativas possibilitando concluir pela efetividade ou não das ações de melhoria.

É nesta etapa que se verifica se as expectativas foram satisfeitas, e se a solução dos problemas pode proporcionar à organização alguma descoberta diferenciada, pois nenhum problema deve ser considerado resolvido até que as ações estejam completamente implantadas sob controle e apresente uma melhoria em performance. Assim, o monitoramento e medição da efetividade da solução implantada são essenciais por um período de tempo para que haja confiança na solução adotada, onde os resultados devem ser medidos em termos numéricos, comparados com os valores definidos e analisados usando ferramentas da qualidade para ver se as melhorias prescritas foram ou não atingidas.

Etapa 7: Padronização

Uma vez que as ações de bloqueio ou contramedidas tenham sido aprovadas e satisfatórias para o alcance dos objetivos, elas podem ser instituídas como novos métodos de trabalho.

A preocupação neste momento é, portanto, a reincidência do problema, que pode ocorrer pela ação ou pela falta da ação humana. A padronização não se faz apenas por meio de documentos. Os padrões devem ser incorporados à cultura da organização.

Passos da Padronização

- Elaboração ou alteração de documentos.
- Treinamento.
- Registro e comunicação.
- Acompanhamento dos resultados do padrão.

Etapa 8: Conclusão:

A etapa de Conclusão fecha o método de análise e solução de problemas. Os objetivos da conclusão são basicamente rever todo o processo de solução de problemas e planejar os trabalhos futuros.

Existe uma importância de fazer um balanço do aprendizado, aplicar as lições aprendidas em novas oportunidades de melhoria.

Passos da Conclusão:

- Identificação dos problemas remanescentes;
- Planejamento das ações antirreincidência;
- Balanço do aprendizado.

Ressalva

O MASP é um método que permanece atual e em prática contínua, resistindo às negativas das organizações, incluído na Gestão da Qualidade Total, sendo aplicado regularmente até progressivamente por organizações de todos os portes e ramos.

Vamos relatar alguns erros típicos na aplicação do MASP, mostrar suas consequências e esclarecer os motivos que transformam pequenos deslizes em erros graves.

1 - Erros na Identificação do Problema:

Falha 1: Um dos erros graves na implantação do Masp está na escolha do problema por preferência ou votação. Percebe-se que a ansiedade muitas vezes supera a escolha objetiva baseada em comparações de potencial de resultado, acabando por uma escolha daquilo que mais incomoda no momento.

Falha 2: Outro erro grave também acontece na própria definição do problema. Vemos frequentemente erros conceituais ao denominar de problema uma causa suposta ou, pior ainda, a ausência de uma solução, quase sempre iniciada como "falta de...".

Erros como esses, logo no início do trabalho, podem comprometê-lo de forma irreversível, pois as frustrações geradas podem contaminar a equipe cessando o esforço da melhoria.

Nos problemas onde o MASP é normalmente aplicado, designar o problema dessa forma significa que, ou o problema é muito simples, desqualificando o MASP como método de resolução, ou se iniciou a definição de maneira errada, pois é muito cedo para concluir que o problema é a ausência de uma solução que deveria ser descoberta apenas na etapa 4 – Plano de Ação. A pessoa que designa o problema dessa forma faz uma análise intuitiva das causas, deduz uma solução e retorna à etapa 1 para chamar de problema aquela solução que ele acredita que será suficiente. Isso chega à beira da insanidade em alguns casos.

2 – Erros na Observação:

Falha 3: Nesta etapa, um dos erros mais comuns é o simples fato de não se fazer as observações. Como mencionado no livro "Manual Básico para Inspetor de Manutenção Industrial", uma das primeiras coisas a fazer, para descobrir se existe algum defeito ou alguma falha em quaisquer ativos, é usar os órgãos dos sentidos e observar o fenômeno de várias maneiras e colher a maior quantidade possível de pequenas e esparsas evidências que serão, posteriormente, montadas para compreender como acontece. Quando não se observa, não se alimenta o processo de análise e não evita desvios óbvios que poderiam ser muito bem evitados. Por isso, é fundamental que a observação seja isenta e imparcial, livre de preconceitos, medos, reações de defesa ou preocupações quaisquer.

3 – Erros na Análise:

Falha 4: Esta é uma das etapas mais importantes do MASP. É nesse momento que procura descobrir as causas de um problema, sobretudo aquelas com maior potencial de resultado. O primeiro problema e mais comum nesta etapa é considerarmos apenas um conjunto limitado de alternativas causais. Toda vez que procuramos analisar um fato, vários fatores conspiram contra o sucesso dessa empreitada, como nossa experiência e conhecimentos limitados, nossas preferências pessoais, os vieses de julgamento e outras influências de ordem mental e comportamental. A consequência disso é que a análise já se inicia equivocada ou direcionada, mesmo que de forma inconsciente. Isso, porém, não é o mais grave. A pior consequência dessa tendência é que ela seleciona, previamente, apenas as mais óbvias e com baixo potencial de causalidade, deixando aquelas com um potencial mais elevado de ser a causa do problema, de fora da análise. A equipe que aplica o MASP irá gastar muita energia e terá que superar momentos de frustração até descobrir isso e retomar o trabalho, procurando elevar a quantidade de hipóteses.

Falha 5: Outro erro grave durante a análise é a tentação à subjetividade. As causas mais prováveis deveriam ser comprovadas por meio de estudos nos processos para determinação da eventual correlação. Porém, muitas vezes não é isso que acontece. A ansiedade, o excesso de confiança e a dificuldade de mensuração das causas podem acabar levando o grupo a se contentar com comprovações superficiais ou baseadas em dados insuficientes. O extremo do absurdo acontece quando a equipe não coleta dado algum, votando as causas e não descobrindo. Assim, fazendo analogia com um processo eleitoral, as causas são eleitas em votação por maioria simples, e ainda, apenas no primeiro turno! Se o problema pode ser resolvido dessa maneira, então ele não precisa de MASP, mas apenas de uma reunião rápida, para ser resolvido. A objetividade, baseada em fatos e dados, é uma das mais relevantes características de uma gestão eficaz. Abrir mão dela seria descaracterizar completamente o método, transformando-o num processo social, o que não seria adequado para problemas de natureza técnica.

Falha 6: Outro problema grave na análise se observa quando a equipe, após identificar a causa e independente da forma que isso foi feito, não confirma sua descoberta. A não confirmação da causa é muito comum nos processos de ação corretiva das organizações e isso explica, ao menos em parte, o baixo nível de sucesso desse procedimento. A consequência disso são conclusões limitadas, incerteza quanto ao andamento do trabalho, provocando idas e vindas metodológicas, até o momento em que o grupo se perde e o trabalho para.

4 – Erro no Plano de Ação:

Falha 7: Uma falha muito comum é semelhante à análise de causas descrito acima, que consiste em considerar uma quantidade limitada de soluções possíveis.

Falha 8: Outra falha que geralmente se encontra nas organizações é não considerar efeitos negativos da solução escolhida.

Falha 9: Ocorre também o fato de trabalharem pouco os processos de convencimento interno para facilitar a implantação do plano de ação, não neutralizando, portanto, as resistências internas.

Nos quesitos acima foram comentadas sobre as falhas técnicas. Entretanto, nesta sistemática também encontramos diversas falhas administrativas ou de gestão.

Falha 10: A Dedicação: toda equipe destinada a realização dos estudos e análises dos ativos para levantamento e coleta de informações deveria dedicar-se em tempo integral, mantendo o foco no trabalho a ser desenvolvido. Na realidade, quando uma organização decide em implantar esta ferramenta, a equipe destinada a desenvolver a ferramenta e coletar as informações, ainda tem que dividir seu tempo entre os estudos necessários para a efetivação da ferramenta e suas atividades de rotina. Isto faz com que o foco seja desviado para suas obrigações do dia a dia e o tempo de realização se torne infinitamente maior do que o esperado e ou determinado. Ressaltando ainda que a qualidade das informações absorvidas não serão as desejadas para o sucesso da sistemática implantada.

Falha 11: A Morosidade: é um processo demorado onde o estudo e a avaliação de cada etapa demandam muito tempo para que se possa obter um resultado satisfatório. Porém, as organizações querem determinar um tempo para início e término do projeto, tempo este, na maioria das vezes, infinitamente inferior ao tempo necessário para realizar todo o estudo e levantar todas as informações necessárias para alimentar a ferramenta.

Falha 12: A Formação de equipe: a equipe que deverá realizar o estudo e implantar a ferramenta deve ser multidisciplinar, onde deverá conter no mínimo um membro de cada área de atuação da empresa, contemplando o setor estratégico, segurança, administrativo, manutenção, operação, logística entre outros. O que ocorre na maioria das vezes é que os gestores indicam determinados colaboradores para realizarem os estudos, os quais não têm conhecimentos reais sobre as demais áreas de atuação, deixando assim que a ferramenta não absorva todas as informações necessárias ou reais para o completo prosseguimento das etapas futuras.

Falha 13: O Comprometimento gerencial: este é um erro fatal, normalmente consequência de uma implantação por iniciativa do órgão de manutenção ou operação, visando fazer atalhos, uma vez que a Direção da empresa, ignorando o conteúdo e os resultados da sistemática não é devidamente comprometida desde a tomada de decisão.

Esses erros, no entanto, podem não comprometer totalmente o projeto de melhoria. Afinal, acredito que há mais chances de sucesso para uma solução mais ou menos desenhada para uma causa corretamente descoberta do que um plano de ação perfeito para a causa errada. Evidentemente, ninguém defenderia a elaboração pouco rigorosa de uma estratégia ou ferramenta.

O que se pretende argumentar é que a realização correta da ferramenta facilita o dia a dia e aumenta a perspectiva de toda a cadeia produtiva.

4.16- Seis Sigma

Seis Sigma é um conjunto de práticas originalmente desenvolvidas pela Motorola para melhorar sistematicamente os processos ao eliminar defeitos. Um defeito é definido como a não conformidade de um produto ou serviço com suas especificações.

Seis Sigma também é definido como uma estratégia gerencial para promover mudanças nas organizações, fazendo com que se chegue a melhorias nos processos, produtos e serviços para a satisfação dos clientes. Diferente de outras formas de gerenciamento de processos produtivos ou administrativos, o Seis Sigma tem como prioridade a obtenção de resultados de forma planejada e clara, tanto de qualidade como principalmente financeiros.

Símbolo do Seis Sigma.

Sigma é uma letra grega, usada na estatística matemática para representar o desvio padrão de uma distribuição. O desvio padrão é uma estatística que quantifica a quantidade de variabilidade ou não uniformidade existente em um processo, resposta ou característica.

Sendo assim, desvio padrão e sigma são sinônimos. Sigma é uma medida da quantidade de variabilidade que existe quando medimos alguma coisa. Se o valor do sigma é alto, ele nos diz que há muita variabilidade no produto. Se o valor do sigma é baixo, então o produto tem pouca variabilidade e, por conseguinte, é muito uniforme.

A razão principal para as empresas adotarem a Seis Sigma prende-se com o aumento das margens de lucro. Parte desse propósito é conseguida através da redução contínua da variação nos processos, eliminando defeitos ou falhas nos produtos e serviços.

O Seis Sigma significa muitas coisas e é usado de diferentes maneiras. Eis aqui algumas definições que podem ajudá-lo a entender o assunto:

Seis Sigma como Benchmark. É usado como um parâmetro para comparar o nível de qualidade de processos, operações, produtos, características, equipamentos, máquinas, divisões e departamentos, entre outros.

Seis Sigma como Meta. É também uma meta de qualidade. A meta dos Seis Sigma é chegar muito próximo de zero defeitos, erros ou falhas. Mas não é necessariamente zero, é, na verdade, 0,002partes por milhão de unidades defeituosas, para fins práticos zero.

Seis Sigma como Medida. O Seis Sigma é uma medida para determinado nível de qualidade. Quando o número de sigmas é baixo, tal como em processo

2 sigmas, o nível de qualidade não tão alto. Então quanto maior o número de sigmas dentro das especificações, melhor o nível de qualidade.

Seis Sigma como Filosofia. É Uma filosofia de melhoria perpétua do processo (máquina, mão-de-obra, método, metrologia, materiais, ambiente) e redução de sua variabilidade na busca interminável de defeito zero.

Seis Sigma como Estatística. É uma estatística calculada para cada característica crítica à qualidade, para avaliar a performance em relação à especificação ou à tolerância.

Seis Sigma como Estratégia. É uma estratégia baseada na inter-relação que existe entre o projeto de um produto, sua fabricação, sua qualidade final e confiabilidade, ciclo de controle, inventários, reparos no produto, sucata e defeitos, assim como falhas em tudo que é feito no processo de entrega de um produto a um cliente e o grau de influência que eles possam ter sobre a satisfação do mesmo.

Seis Sigma como Valor. Trata-se de um valor composto, derivado da multiplicação de 12 vezes de um dado valor de sigma, assumindo 6 vezes o valor do sigma dentro dos limites de especificação para esquerda da média e 6 vezes o valor do sigma dentro dos limites de especificação para a direita da média em uma distribuição Normal.

Seis Sigma como Visão. Trata-se da visão de levar uma organização a ser melhor do ramo. É também uma viagem intrépida em busca da redução da variação, defeitos, erros e falhas. Ou seja, é exceder a qualidade à expectativa do cliente.

O Seis Sigma pode ser utilizado independente da condição de sucesso ou não de uma organização.

Sem sucesso: A organização está experimentando uma baixa qualidade nos seus produtos e está perdendo o mercado. Ela possui um produto no mercado, mas a concorrência produziu um produto próprio e está ganhando mercado.

Para a organização malsucedida, a ineficiência e as reclamações dos clientes se tornaram um lugar comum. A ineficiência normalmente vem de passos do processo que não são necessários, tomam muito tempo ou envolvem muitos indivíduos, nenhum dos quais, ciente das consequências de suas ações ou da importância de seu papel no processo. Não é possível melhorar uma coisa que não entendemos. É necessário primeiro estudar o processo, com o intuito de saber quais variáveis o afetam e quais não afetam.

Uma vez conhecidas, as variáveis que afetam o processo podem ser manipuladas de uma maneira controlada para melhorá-lo. E, uma vez sabendo quais variáveis realmente influenciam o processo com um alto nível de confiança, é possível otimizá-lo, sabendo quais entradas controlar para manter o processo em um nível ótimo de saída.

Com sucesso: Esta organização aumentou sua participação no mercado. É uma organização próspera, vendendo mais produtos ou serviços do que anteriormente, precisando de mais pessoal e de maior capacidade para fornecer mais produtos ou serviços do que anteriormente, precisando de mais pessoal e de maior capacidade para fornecer mais produtos ou serviços no mesmo espaço de tempo, para satisfazer a demanda crescente. O Seis Sigma é mais importante para a organização bem-sucedida do que para aquela que vai mal, pois a bem-sucedida tem mais a perder do que aquela que vai mal.

Como regra geral, uma organização decide implantar a sistemática quando recebe um volume de reclamações de seus clientes referente à qualidade da confiabilidade dos produtos ou da qualidade do trabalho ou dos serviços, a organização provavelmente precisa fazer uma ampla avaliação dos seguintes sinais:

- Perda de mercado;

- Gastos exagerados;

- Grandes perdas como resultado da garantia que o cliente possui de devolução do produto e de indenizações;

- Faturas não pagas no prazo, devido a reclamações do cliente;

- Peças erradas vindas dos fornecedores;

- Relatórios de informações internas errôneos;

- Previsões não confiáveis;

- Orçamentos frequentemente superfaturados;

- Problemas que sempre retornam fazendo com que os mesmos consertos tenham que ser feitos repetidamente;

- Projetos de produtos extremamente difíceis de serem produzidos;

- Taxas de sucata muito altas e incontroláveis;

- Reparos no produto aceitáveis como atividade normal de produção.

O Seis Sigma segue duas metodologias baseadas no ciclo PDCA, e são compostas de cinco fases cada, são chamadas de DMAIC e DMADV.

- DMAIC é usado para projetos focados em melhorar processos de negócios já existentes.
- DMADV é usado para projetos focados em criar novos desenhos de produtos e processos.

DMADV: também conhecida como DFSS ("Design For Six Sigma"), possui cinco fases:
- Define goals: definição de objetivos que sejam consistentes com as demandas dos clientes e com a estratégia da empresa;
- Measure and identify: mensurar e identificar características que são críticas para a qualidade, capacidades do produto, capacidade do processo de produção e riscos;
- Analyze: analisar para desenvolver e projetar alternativas, criando um desenho de alto nível e avaliar as capacidades para selecionar o melhor projeto;
- Design details: desenhar detalhes, otimizar o projeto e planejar a verificação do desenho. Esta fase se torna uma das mais longas pelo fato de necessitar de muitos testes;
- Verify the design: verificar o projeto, executar pilotos do processo, implementar o processo de produção e entregar ao proprietário do processo.

DMAIC: esta metodologia possui cinco fases:
- Define the problem: definição do problema a partir de opiniões de consumidores e objetivos do projeto;
- Measure key aspects: mensurar e investigar relações de causa e efeito. Certificando que todos os fatores foram considerados, determinar quais são as relações. Dentro da investigação, procurar a causa principal dos defeitos;
- Analyse: análise dos dados e o mapeamento para a identificação das causas-raízes dos defeitos e das oportunidades de melhoria;

- Improve the process: melhorar e otimizar o processo baseado na análise dos dados usando técnicas como desenho de experimentos, poka-yoke ou prova de erros, e padronizar o trabalho para criar um novo estado de processo. Executar pilotos do processo para estabelecer capacidades;

- Control: controlar o futuro estado de processo para se assegurar que quaisquer desvios do objetivo sejam corrigidos antes que se tornem defeitos. Implementar sistemas de controle como um controle estatístico de processo ou quadro de produções, e continuamente monitorar os processos.

Ressalva

O maior objetivo do Seis Sigma é minimizar custos através da redução ou eliminação de atividades que não agregam valor ao processo e da maximização da qualidade de saída para obter um lucro em níveis ótimos.

Implementar o Seis Sigma em uma organização cria uma cultura interna de indivíduos educados em uma metodologia padronizada de caracterização, otimização e controle de processos. A atividade repetitiva envolvida no fornecimento de um serviço ou na confecção de um produto constitui um processo que deve ser simplificado, reduzindo o número de passos e tornando-os mais rápidos e eficientes. Ao mesmo tempo, estes processos são otimizados para que não propiciem a produção de defeitos e não apresentem oportunidades de erros.

Entretanto, como toda e qualquer estratégia, ferramenta ou sistemática, o Seis Sigma apresenta uma vasta lista de equívocos em sua implantação, o que reduz sua eficácia e leva a sistemática a um patamar desacreditado diante de alguns processos ao qual foi aplicada.

Falha 1: Um dos maiores problemas do Seis Sigma é o fato de que muitas organizações não têm compreensão da metodologia fazendo com que os conceitos envolvidos sejam transmitidos de forma errônea, prejudicando a organização.

Falha 2: Como envolve mudança de cultura na empresa que a está implementando traz geralmente embutida uma forte resistência inicial a sua aplicação por parte dos colaboradores e equipes. Este aspecto não pode ser negligenciado em sua implementação sob um risco sério de falha na mesma.

Falha 3: Algumas organizações decidem implantar a sistemática mesmo quando possuem pouca disponibilidade de funcionários para a realização de treinamentos e estudos, dentre outras atividades, acumulando assim outras funções, agregando mais carga horária e aumentando a cobrança sobre a evolução do projeto.

Falha 4: Acreditar que o Seis Sigma é uma iniciativa de Qualidade. Muitas empresas cometem o erro de considerar o Seis Sigma como uma iniciativa de qualidade, colocando-o na mesma categoria do Gerenciamento de Qualidade Total. Entretanto, comparar o Seis Sigma com o Gerenciamento da Qualidade Total é um equívoco. O Gerenciamento da Qualidade Total deixa as pessoas conscientes da sua responsabilidade individual da qualidade; mas possui poucos registros de acompanhamento de rendimento dos benefícios financeiros mensuráveis.

Falha 5: Definir de forma incorreta os líderes da equipe. Diversas organizações ainda direcionam seus gestores da qualidade como responsáveis por um programa de Seis Sigma. Ainda que os gerentes da qualidade tentem lidar com procedimentos, auditoria e operações, eles raramente têm habilidade e autoridade na organização para gerenciar as principais alterações organizacionais. Focados na qualidade do produto ou serviço, eles podem achar difícil, se não impossível, implementar melhorias no negócio que permeia um largo campo de funções.

Falha 6: Acreditar que o Seis Sigma irá substituir as iniciativas fracassadas. A maioria das organizações apresenta o Seis Sigma como um substituto para tudo o que ocorreu antes e pode, nessas circunstâncias, ser destrutivo. Isso pode levar a organização inteira a duvidar do valor que foi feito no passado. Também pode transmitir uma imagem do Seis Sigma como algo que será substituído com o tempo.

Falha 7: Acreditar que se pode implantar o Seis Sigma em toda a organização de uma só vez. Muitas organizações acreditam que a sistemática seja tão simples que não necessita de um projeto piloto. Recomenda-se definir um projeto piloto e implantar a sistemática, pois o projeto piloto serve como parâmetro para se medir a eficácia e o nível de conhecimento da equipe. Somente no projeto piloto pode-se corrigir os desvios encontrados pertinentes às dificuldades da equipe e da organização em absorver a cultura da ferramenta. Após o sucesso no projeto piloto, gradativamente deve-se **ampliar a sistemática** em todos os segmentos da organização.

Falha 8: Acreditar que o Seis Sigma só se aplica a produtos de alto volume ou processos repetitivos. Este mito deriva do próprio nome, no qual o sigma representa o desvio-padrão. Mas o Seis Sigma é muito mais que estatística, é uma forma de melhorar os processos. Ele melhora a maneira como os projetos são gerenciados e como as necessidades dos clientes são alcançadas. Não se trata só de consertar erros ou defeitos, mas de antecipá-los e evitá-los.

Falha 9: Acreditar que o Seis Sigma é apenas um treinamento. Muitas organizações acreditam que tudo que eles precisam fazer é treinar seus funcionários e os resultados aparecerão. O treinamento é disponibilizado por diversas fontes, incluindo universidades. No entanto, o treinamento é somente um elemento para que o desdobramento bem sucedido obtenha resultados. O aconselhamento é mais importante, e deveria ser feito por pessoas que têm experiências práticas na entrega de grandes projetos. A medida do sucesso para um investimento no Seis Sigma não deveria ser em forma de feedback da sala do treinamento, mas a conclusão dos projetos de sucesso que dão valor de negócio significativo.